できる ポケット

エクセル

Excel
関数
基本 & 活用マスターブック

Office **2021/2019/2016** & Microsoft **365** 対応

尾崎裕子 & できるシリーズ編集部

インプレス

本書の読み方

レッスンタイトル

やりたいことや知りたいことが探せるタイトルが付いています。

動画で見る

パソコンやスマートフォンなどで視聴できる無料のYouTube動画です。詳しくは22ページをご参照ください。

サブタイトル

機能名やサービス名などで調べやすくなっています。

関数

関数の書式や使い方について解説しています。左上に関数の分類を明記しているので [関数ライブラリ] から関数を入力するときに便利です。右上には対応バージョンが記載されています。引数にどんな値を指定するかも詳しく紹介しています。

関連する関数

レッスンで解説する関数と関連の深い関数の一覧です。その関数を解説しているページを掲載しています。

ポイント

使用例で、引数にどんな値を指定しているのかを詳しく解説しています。

レッスン
16 合計値を求めるには

動画で見る

SUM

複数の数値を足す合計は、SUM関数で求めます。SUM関数は、あらゆる表でよく使われる基本の関数です。ここでは、支店別の売上金額の合計を求めます。

数学/三角 　　　　　対応バージョン 365 2021 2019 2016

数値の合計値を表示する

=**SUM**(数値)

SUM関数は、引数に指定された複数の数値の合計を求めます。引数には、数値、セル、セル範囲を指定することができます。数値の場合「10,20,30」のように、セルの場合「A1,A5,A10」のように「,」(カンマ) で区切って指定します。セル範囲の場合は、「A1:A10」のように「:」(コロン) でつなげて範囲を指定します。

引数

数値　合計を計算したい複数の数値、セル、セル範囲を指定します。

🔗 関連する関数

SUMIF	P.152	SUMPRODUCT	P.236
SUMIFS	P.142		

🌟 使いこなしのヒント

引数のセル範囲を色で確認する

引数にセルやセル範囲を指定すると、その場所に色と枠線が付きます。数式内の引数も同じ色になります。実際のセルと引数を色で確認できるわけです。数式の　入力途中だけでなく、入力後の数式をダブルクリックしたときも、色枠で確認できることを覚えておきましょう。

基本編

第3章

ビジネスに必須の関数をマスターしよう

練習用ファイル

レッスンで使用する練習用ファイルの名前です。ダウンロード方法などは4ページをご参照ください。

使用例

関数の具体例を紹介しています。1つ1つの引数を画面写真上で指し示しているので、引数の指定に迷いません。

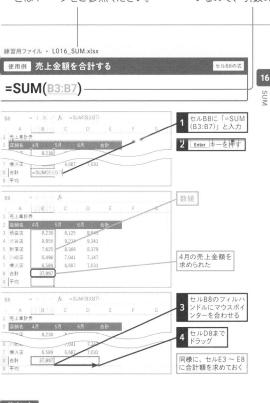

練習用ファイル ▶ L016_SUM.xlsx

使用例 売上金額を合計する

セルB8の式

=SUM(B3:B7)

16

SUM

1 セルB8に「=SUM(B3:B7)」と入力

2 Enter キーを押す

数値

4月の売上金額を求められた

3 セルB8のフィルハンドルにマウスポインターを合わせる

4 セルD8までドラッグ

同様に、セルE3 ～ E8に合計額を求めておく

ポイント

数値　ここでは、すべての店舗の売上合計を求めます。4月の売り上げを求めるので、各店舗の金額が含まれるセルB3 ～ B7のセル範囲を指定します。

できる 75

関連情報

レッスンの操作内容を補足する要素を種類ごとに色分けして掲載しています。

使いこなしのヒント

操作を進める上で役に立つヒントを掲載しています。

ショートカットキー

キーの組み合わせだけで操作する方法を紹介しています。

時短ワザ

手順を短縮できる操作方法を紹介しています。

用語解説

覚えておきたい用語を解説しています。

ここに注意

間違えがちな操作の注意点を紹介しています。

※ここに掲載している紙面はイメージです。
実際のレッスンページとは異なります。

練習用ファイルの使い方

本書では、レッスンの操作をすぐに試せる無料の練習用ファイルとフリー素材を用意しています。ダウンロードした練習用ファイルは必ず展開して使ってください。ここではMicrosoft Edgeを使ったダウンロードの方法を紹介します。

▼練習用ファイルのダウンロードページ
https://book.impress.co.jp/books/1122101081

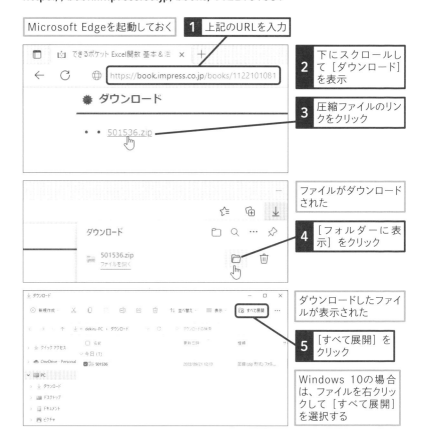

Microsoft Edgeを起動しておく

1 上記のURLを入力

2 下にスクロールして [ダウンロード] を表示

3 圧縮ファイルのリンクをクリック

ファイルがダウンロードされた

4 [フォルダーに表示] をクリック

ダウンロードしたファイルが表示された

5 [すべて展開] をクリック

Windows 10の場合は、ファイルを右クリックして [すべて展開] を選択する

●練習用ファイルを使えるようにする

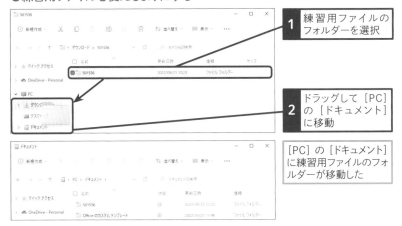

1 練習用ファイルの
フォルダーを選択

2 ドラッグして[PC]
の[ドキュメント]
に移動

[PC]の[ドキュメント]
に練習用ファイルのフォ
ルダーが移動した

⚠ ここに注意

インターネットを経由してダウンロードしたファイルを開くと、保護ビューで表示されます。ウイルスやスパイウェアなど、セキュリティ上問題があるファイルをすぐに開いてしまわないようにするためです。ファイルの入手時に配布元をよく確認して、安全と判断できた場合は[編集を有効にする]ボタンをクリックしてください。

練習用ファイルの内容

練習用ファイルには章ごとにファイルが格納されており、ファイル先頭の「L」に続く数字がレッスン番号、次がレッスンのサブタイトルを表します。手順実行後のファイルは、[手順実行後]フォルダーに格納されており、収録できるもののみ入っています。

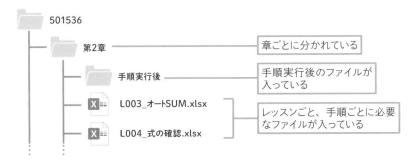

501536

第2章 ──── 章ごとに分かれている

手順実行後 ──── 手順実行後のファイルが
入っている

L003_オートSUM.xlsx

L004_式の確認.xlsx

レッスンごと、手順ごとに必要
なファイルが入っている

主なキーの使い方

*下はノートパソコンの例です。機種によって
キーの配列や種類、印字などが異なる場合が
あります。

キーの名前	役割
❶エスケープキー（ Esc ）	操作を取り消す
❷半角/全角キー（ 半角/全角 ）	日本語入力モードと半角英数モードを切り替える
❸シフトキー（ Shift ）	英字を大文字で入力する際に、英字キーと同時に押して使う
❹エフエヌキー（ Fn ）	数字キーまたはファンクションキーと同時に押して使う
❺スペースキー（ space ）	空白を入力する。日本語入力時は文字の変換候補を表示する
❻方向キー（←→↑↓）	カーソルキーを移動する
❼エンターキー（ Enter ）	改行を入力する。文字の変換中は文字を確定する
❽バックスペースキー（ Back space ）	カーソルの左側の文字や、選択した図形などを削除する
❾デリートキー（ Delete ）	カーソルの右側の文字や、選択した図形などを削除する
❿ファンクションキー（ F1 から F12 ）	アプリごとに割り当てられた機能を実行する

☀ 使いこなしのヒント

ショートカットキーを使うには

複数のキーを組み合わせて押すことで、
アプリごとに特定の操作を実行できま
す。本書では Ctrl + S のように表記し
ています。

● Ctrl + S を実行する場合

1 Ctrl キーと
S キーを同
時に押す

目次

基本編

第1章 関数について知ろう　　　　　　23

基本編

第2章 基本関数を使って表を作ろう　　31

活用編

第**4**章 データを参照・抽出する 103

活用編

第5章 条件に合わせてデータを集計する　129

活用編

第7章 日付や時刻を自在に扱う 173

関数索引 （アルファベット順）

本書に掲載している関数を関数名の
アルファベット順で探せる索引です

動画について

操作を確認できる動画をYouTube動画で参照できます。画面の動きがそのまま見られるので、より理解が深まります。二次元バーコードが読めるスマートフォンなどからはレッスンタイトル横にある二次元バーコードを読むことで直接動画を見ることができます。パソコンなど二次元バーコードが読めない場合は、以下の動画一覧ページからご覧ください。

▼動画一覧ページ

https://dekiru.net/kansu2021p

●用語の使い方

　本文中では、「Microsoft Excel 2021」のことを、「Excel 2021」または「Excel」、「Microsoft 365 Personal」の「Excel」のことを、「Microsoft 365」または、「Excel」と記述しています。また、本文中で使用している用語は、基本的に実際の画面に表示される名称に則っています。

●本書の前提

　本書では、「Windows 11」に「Microsoft Excel 2021」がインストールされているパソコンで、インターネットに常時接続されている環境を前提に画面を再現しています。

●本書に掲載されている情報について

　本書で紹介する操作はすべて、2022年7月現在の情報です。

　本書は2022年8月発刊の「できるExcel関数 Office 2021/2019/2016&Microsoft 365対応」の一部を再編集し構成しています。重複する内容があることを、あらかじめご了承ください。

「できる」「できるシリーズ」は、株式会社インプレスの登録商標です。

Microsoft、Windowsは、米国Microsoft Corporationの米国およびその他の国における登録商標または商標です。そのほか、本書に記載されている会社名、製品名、サービス名は、一般に各開発メーカーおよびサービス提供元の登録商標または商標です。

なお、本文中には™および®マークは明記していません。

Copyright © 2022 Yuko Ozaki and Impress Corporation. All rights reserved.
本書の内容はすべて、著作権法によって保護されています。著者および発行者の許可を得ず、転載、複写、複製等の利用はできません。

基本編

第1章

関数について知ろう

この章では、関数とはどんなものなのか、関数の仕組み
や関数の種類を見て理解していきましょう。本格的に関
数を使う前にこれだけは押さえておきたいという関数利
用のベースとなる内容です。

01 関数の仕組みを知ろう

関数の役割と書式　　　　　　　　　**練習用ファイル**　なし

関数を使う前に、まずは関数の実体、関数そのものを確認しておきましょう。関数はセルに入力しますが、それがどんなものなのか、どんなルールで成り立っているのかを簡単に紹介します。これを知っているだけで関数が読みやすくなります。

関数を見てみよう

関数はセルに入力する「式」です。式の内容はルールに則って入力しなくてはなりません。まずそのルールを確認しておきましょう。

関数式は、先頭に「=」、その後に関数名、続けて（）でくくった引数（ひきすう）、必ずこの構成になっています。関数によっては、（）の中の引数が複数あるものがありますが、その場合は「,」で区切ることになっています。

● 関数式の構成

＝関数名（引数）

半角の「=」に続けて　　　関数名に続けて、「()」で
関数名を記述する　　　　くくった引数を記述する

= SUM（B4：D4）

SUM関数（合計を求める）の例
セルB4からD4の値を合計する

=LARGE(A1:A10,2)

引数を複数指定する必要があるので「,」で区切る

LARGE関数（X番目に大きい値を求める）の例
セルA1からA10の中で2番目に大きい値を表示する

☀ **使いこなしのヒント**

セル範囲の表し方を知ろう

セル範囲とは、連続した複数セルのことです。セル範囲は、関数の引数に指定することが多く、範囲を開始するセルと終了するセルを「:」（コロン）で結んだ形で表します。例えばセルB4からセルD4の範囲を選択すると「B4:D4」と表示されます。

● 関数の表示例

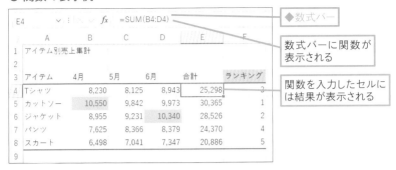

E4	∨ : × ∨ fx	=SUM(B4:D4)			
	A	B	C	D	E	F
1	アイテム別売上集計					
2						
3	アイテム	4月	5月	6月	合計	ランキング
4	Tシャツ	8,230	8,125	8,943	25,298	3
5	カットソー	10,550	9,842	9,973	30,365	1
6	ジャケット	8,955	9,231	10,340	28,526	2
7	パンツ	7,625	8,366	8,379	24,370	4
8	スカート	6,498	7,041	7,347	20,886	5
9						

◆数式バー

数式バーに関数が表示される

関数を入力したセルには結果が表示される

関数の仕組みを知ろう

Excelには、計算や処理の内容ごとに異なる関数が用意されています。使うときには、たくさんある種類から目的の関数を選びます。ただし、結果を引き出すには、「引数」(ひきすう)を与える必要があります。引数を例えるなら、自動販売機に投入するお金です。ジュースが欲しいのでそのボタンを押しますが、お金を入れなければ出てきません。関数も同じで結果を得るには、目的の関数(ジュース)を選んで実行する(ボタンを押す)だけではダメで、関数に見合った引数(お金)を入れなくてはならないのです。

引数は、前のページで見たように関数ごとに異なります。それぞれの引数に注目して関数を学んでいきましょう。

引数 実行 関数 結果

お金(引数)を入れてボタンを押す(実行)とジュース(結果)が出る

02 関数の種類を知ろう

関数の種類　　　　　　　　　　　　**練習用ファイル**　なし

関数をひとつひとつ学ぶ前にまずExcelにどんな関数があるかを確認しておきましょう。関数で何ができるかを一通り把握しておけば、関数を使う幅が広がります。また、関数を選ぶときも見つけやすくなります。

関数を使いこなすには

Excelの関数は数多くありますが、大事なのは目的に合わせて的確に関数を選ぶことです。そのためには、Excelにどんな関数があり、何ができるのかを知っておく必要があります。仕事の中でよく使う関数というのは、だいたい決まってきますが、それ以外にも応用次第で便利に使える関数が必ずあります。また、関数は新しく追加もされています。関数のすべてを覚える必要はありませんが、少なくとも関数の種類や役割は理解しておきましょう。

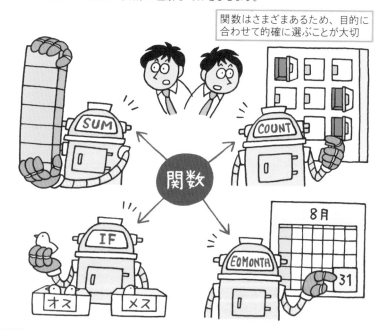

関数はさまざまあるため、目的に合わせて的確に選ぶことが大切

セルに入力されている関数は数式バーで確認できる

関数を入力したセルには、関数の結果の
みが表示されます。入力した関数は数式
バーで確認します。関数を入力したセル
をクリックすると数式バーに式が表示さ
れます。

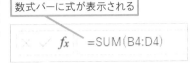

数式バーに式が表示される

fx =SUM(B4:D4)

いろいろな計算ができる

Excelには、あらゆる決められた計算をする関数が用意されています。合計や
平均を求める、標準偏差値を求めるなど、計算方法が決まったものでも計算式
を考える必要はありません。計算に必要な値を引数に指定するだけですから、
計算式をいちいち作るより簡単で計算ミスもありません。

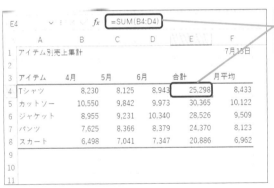

E4		fx	=SUM(B4:D4)		
	A	B	C	D	E	F
1	アイテム別売上集計					7月15日
2						
3	アイテム	4月	5月	6月	合計	月平均
4	Tシャツ	8,230	8,125	8,943	25,298	8,433
5	カットソー	10,550	9,842	9,973	30,365	10,122
6	ジャケット	8,955	9,231	10,340	28,526	9,509
7	パンツ	7,625	8,366	8,379	24,370	8,123
8	スカート	6,498	7,041	7,347	20,886	6,962

◆SUM関数
数値の合計を求めら
れる

D9		fx	=AVERAGE(D3:D7)			
	A	B	C	D	E	F	G
1	売上集計表						
2	店舗名	4月	5月	6月	合計		
3	銀座店	8,230	8,125	8,943	25,298		
4	渋谷店	8,955	9,234	9,341	27,530		
5	新宿店	7,625	8,366	8,379	24,370		
6	川崎店	6,498	7,041	7,347	20,886		
7	横浜店	6,589	6,687	7,031	20,307		
8	合計	37,897	39,453	41,041	118,391		
9	平均	7,579	7,891	8,208	23,678		
10	最高売上	8,955	9,234	9,341	27,530		

◆AVERAGE関数
数値の平均を求めら
れる

次のページに続く→

計算以外の処理ができる

関数には計算では難しい"処理"をするものが数多くあります。例えば、個数を
数えるCOUNT関数です。目で見て数えるという処理を関数が代わりにやってく
れるわけです。ほかにも順位を付けたり、データを探したり、いろいろな処理を
行ってくれます。関数が使えないとすると大変な手間ですが、関数なら簡単です。

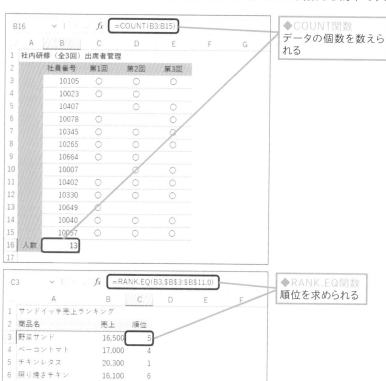

◆COUNT関数
データの個数を数えら
れる

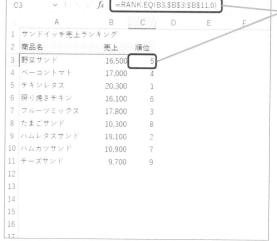

◆RANK.EQ関数
順位を求められる

条件に合わせて結果が出せる

関数には、条件を設定できるものがあります。条件を設定することで、条件に合う場合と合わない場合とで、計算や処理を分岐させることができます。例えば、セルの値を判断し、結果をA、B、Cの3つに分けるなどが可能です。条件設定ができれば、関数の使い道はさらに拡がります。

◆IF関数
条件で判断して、結果ごとに値を表示する

◆SUMIF関数
条件に合う値の合計を求められる

日付や文字も計算・処理できる

関数の中には、日付や時間、文字専用のものがあります。例えば、日付専用の関数では、来月の月末の日付を表示したり、土日を除いて計算したりするものなどがあります。文字を扱う専用の関数では、文字を置き換えたり、変換したりすることができます。数値だけでなく、日付、時間、文字の処理も関数で可能です。

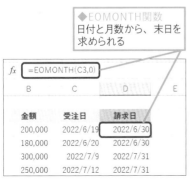

◆EOMONTH関数
日付と月数から、末日を求められる

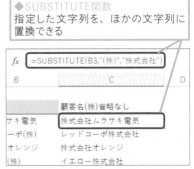

◆SUBSTITUTE関数
指定した文字列を、ほかの文字列に置換できる

スキルアップ

関数ライブラリを見てみよう

関数の入力は、関数名のアルファベットを入力する方法が簡単ですが、関数名が分からないときは [数式] タブの「関数ライブラリ」から選びましょう。「関数ライブラリ」では、引数や関数の働きを確認して選ぶことができるので、関数を理解する手助けにもなります。[数式] タブを表示すると、[論理] や [数学/三角] など、関数が目的ごとに分類されています。それぞれの分類にどんな関数があるか一度見ておきましょう。

1 [数式] タブをクリック

2 [その他の関数] をクリック

3 [統計] をクリック

4 [AVERAGE] にマウスポインターを合わせる

関数ライブラリに関数の説明が表示された

●関数の分類

分類	説明
財務	お金に関する計算を行う関数。貯蓄や借入の利率、利息の計算や投資、会計に関するもの
論理	条件が満たされているかどうかを判定して処理する関数。IF関数、IFERROR関数ほか
文字列	文字列を対象に処理を行う関数。文字の置き換えや変換など。SUBSTITUTE関数、ASC関数ほか
日付/時刻	日付や時刻の計算や処理を行う関数。月末日の表示、土日を除く計算など。EOMONTH関数、NETWORKDAYS関数ほか
検索/行列	指定したデータを探し表示する関数。ほかの表から目的のデータを取り出すなど。VLOOKUP関数、CHOOSE関数ほか
数学/三角	合計、四捨五入などの基本的な計算や数学で使われる計算を行う関数。SUM関数、ROUND関数ほか
その他の関数-統計	平均や最大、最小、偏差値などの主に統計計算をする関数。AVERAGE関数、STDEV.S関数ほか

基本編

第2章

基本関数を使って表を作ろう

この章では、まず基本の関数を使ってみましょう。関数の入力や確認の方法、修正の仕方などを基本の関数を使って紹介します。また、関数を含む表の作成と便利な使い方にも触れます。

03 合計・平均の関数を簡単に入力する

動画で見る

オートSUM　　　　　　　　　練習用ファイル　L003_オートSUM.xlsx

関数の中で業種や業務を問わずよく使われるのは、合計を求めるSUM関数、平均を求めるAVERAGE関数です。これらの関数は「オートSUM」ボタンで簡単に入力できます。ボタンの使い方を確認しましょう。

基本編　第2章　基本関数を使って表を作ろう

1 合計を求める

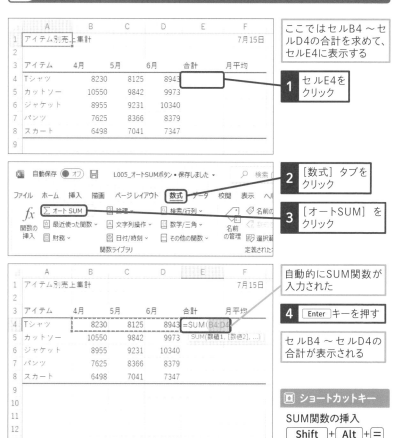

ここではセルB4～セルD4の合計を求めて、セルE4に表示する

1 セルE4をクリック

2 [数式]タブをクリック

3 [オートSUM]をクリック

自動的にSUM関数が入力された

4 [Enter]キーを押す

セルB4～セルD4の合計が表示される

🔲 ショートカットキー

SUM関数の挿入
[Shift]+[Alt]+[=]

2 平均を求める

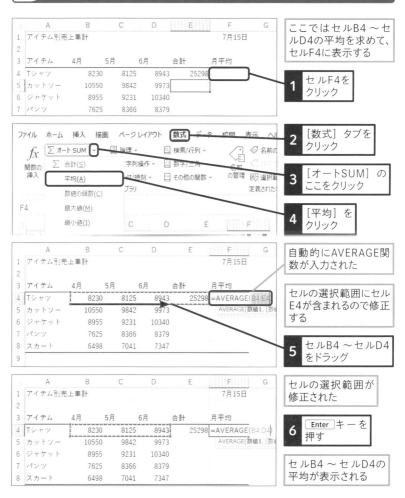

ここではセルB4〜セルD4の平均を求めて、セルF4に表示する

1 セルF4をクリック

2 [数式] タブをクリック

3 [オートSUM] のここをクリック

4 [平均] をクリック

自動的にAVERAGE関数が入力された

セルの選択範囲にセルE4が含まれるので修正する

5 セルB4〜セルD4をドラッグ

セルの選択範囲が修正された

6 Enter キーを押す

セルB4〜セルD4の平均が表示される

※ 使いこなしのヒント

[オートSUM]では範囲が自動選択される

[オートSUM] ボタンを使って関数を入力すると、引数の範囲は自動的に選択されます。式を入力するセルに隣接する範囲が選択されるので、間違っている場合は修正する必要があります。

04 関数式を確認する

動画で見る

関数式の確認　　　　　　　　　　**練習用ファイル**　L004_式の確認.xlsx

関数を入力したセルには関数の結果が表示されるため入力した式は見えません。式は数式バーで確認します。また、ここでは数式をセルに表示させる機能も紹介します。数式がどこにあるかを確認するときに利用することができます。

基本編 第2章 基本関数を使って表を作ろう

1 数式バーで関数式を確認する

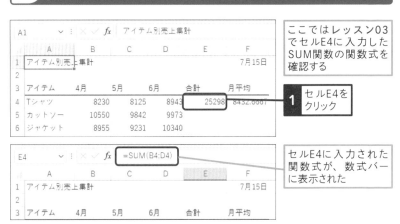

ここではレッスン03でセルE4に入力したSUM関数の関数式を確認する

1 セルE4をクリック

セルE4に入力された関数式が、数式バーに表示された

使いこなしのヒント

引数のセル範囲を確認しよう

数式バーの数式をクリックすると、引数の文字に色が付き、その引数に対応するセル範囲に同じ色の枠線が現れます。色と枠で引数の場所を確認することができます。

数式バーにカーソルが表示された状態だと、引数のセル範囲に色の付いた枠が表示される

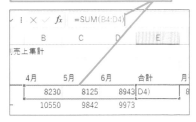

2 すべての数式をセルに表示する

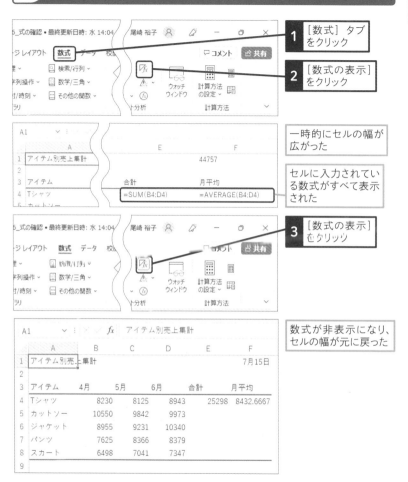

[数式] タブをクリック

[数式の表示] をクリック

一時的にセルの幅が広がった

セルに入力されている数式がすべて表示された

[数式の表示] をクリック

数式が非表示になり、セルの幅が元に戻った

💡 使いこなしのヒント

数式が入力されている場所を確認する

表を見ただけでは、どこに式が入力されているか分からないため、誤って式を消去してしまう恐れがあります。[数式の表示] 機能は、すべての式をセルに表示してくれるので、どこに式があるのかをすぐに把握できます。ほかの人が作った表で式の場所を確認したいときに便利です。

05 関数をコピーする

動画で見る

オートフィル　　　　　　**練習用ファイル**　L005_オートフィル.xlsx

レッスン03で入力したSUM関数、AVERAGE関数の式を下の行にコピーします。隣接するセルにコピーする場合、「オートフィル」というマウスによる操作を行います。ここでは、表の罫線が崩れないようにコピーする方法を紹介します。

1 関数をコピーする

「Tシャツ」に続いて、「カットソー」「ジャケット」「パンツ」「スカート」の4月から6月までの売上合計と月平均を表示する

レッスン03でセルE4とセルF4に入力した関数をコピーする

1 セルE4 〜 セルF4をドラッグして選択

フィルハンドルが表示された　◆フィルハンドル

セルE4 〜 セルF4が選択された

2 選択したセル範囲のフィルハンドルにマウスポインターを合わせる

E4		fx	=SUM(B4:D4)			
	A	B	C	D	E	F
1	アイテム別売上集計					7月15日
2						
3	アイテム	4月	5月	6月	合計	月平均
4	Tシャツ	8230	8125	8943	25298	8432.6667
5	カットソー	10550	9842	9973		
6	ジャケット	8955	9231	10340		
7	パンツ	7625	8366	8379		
8	スカート	6498	7041	7347		
9						

マウスポインターの形が変わった　

3 セルF8までドラッグ

2 コピーしたセルの書式を元に戻す

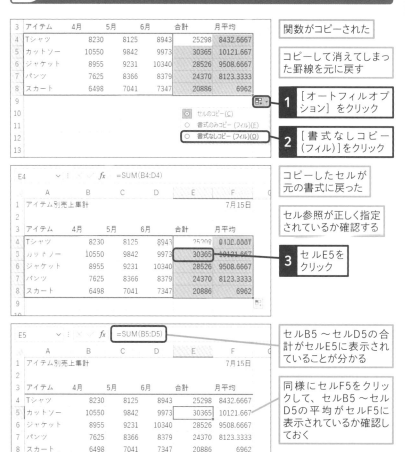

関数がコピーされた

コピーして消えてしまった罫線を元に戻す

1 [オートフィルオプション]をクリック

2 [書式なしコピー(フィル)(Q)]をクリック

コピーしたセルが元の書式に戻った

セル参照が正しく指定されているか確認する

3 セルE5をクリック

E4 | = SUM(B4:D4)

	A	B	C	D	E	F
1	アイテム別売上集計					7月15日
2						
3	アイテム	4月	5月	6月	合計	月平均
4	Tシャツ	8230	8125	8943	25298	8432.6667
5	カットソー	10550	9842	9973	30365	10121.667
6	ジャケット	8955	9231	10340	28526	9508.6667
7	パンツ	7625	8366	8379	24370	8123.3333
8	スカート	6498	7041	7347	20886	6962
9						

セルB5〜セルD5の合計がセルE5に表示されていることが分かる

E5 | = SUM(B5:D5)

	A	B	C	D	E	F
1	アイテム別売上集計					7月15日
2						
3	アイテム	4月	5月	6月	合計	月平均
4	Tシャツ	8230	8125	8943	25298	8432.6667
5	カットソー	10550	9842	9973	30365	10121.667
6	ジャケット	8955	9231	10340	28526	9508.6667
7	パンツ	7625	8366	8379	24370	8123.3333
8	スカート	6498	7041	7347	20886	6962
9						

同様にセルF5をクリックして、セルB5〜セルD5の平均がセルF5に表示されているか確認しておく

⏱ 時短ワザ

セルをコピーして貼り付けてもいい

このレッスンでは、関数をオートフィルの機能でコピーしています。しかし、関数を入力したセルを選択して[Ctrl]+[C]キーでコピーし、コピー先のセルを選択して[Ctrl]+[V]キーで貼り付けてもかまいません。関数を離れた場所のセルにコピーしたいときにも便利です。

06 データを見やすく整える

動画で見る

表示形式　　　　　　　　　**練習用ファイル**　L006_表示形式.xlsx

関数で求めた結果は、関数により数値であったり、文字であったり、日付の場合もあります。数値なら桁区切りのカンマを付けるなどして見やすくします。このように見た目を整えるには「表示形式」を変更します。

数値・文字・日付の特性を知ろう

入力データや関数の結果は、数値、文字、日付、時刻とはっきり区別されています。この区別をふまえ、数値には数値の表示形式を設定します。それぞれの特性を確認しておきましょう。

● 数値

数値は足したり引いたりの計算が可能なデータです。数字のみで表し、負の値は「-10」のように「-」が付きます。なお、数値の先頭の「0」は表示されないため注意が必要です。

「001」と
入力

→

先頭の0が消え「1」
と入力される

数値は右寄せで
表示される

● 文字列

文字は数値のように足したり引いたりの計算はできません。「1kg」のように値を表していても文字列を含むデータは文字データとして扱われます。計算の対象にはなりません。

文字列は左寄せで
表示される

1文字でも文字が含まれていると、
文字列として認識される

基本編
第2章　基本関数を使って表を作ろう

● 日付・時刻

日付や時刻は決った形式で入力します。例えば「2022/7/1」や「R4.7.1」です。
正しい形式で入力すると日付は「年/月/日」、時刻は「時:分:秒」の形で数式バー
に表示されます。

正しい形式 (2022/7/1や14:30など) で入力しないと、
日付や時刻のデータとして認識されない

表示形式を知ろう

「表示形式」は、セルの内容をどのように見せるかという設定です。セルという
入れ物に対して設定されるので、セルの内容 (例えば「12345」) が変わるこ
とはありません。表示だけが変わります。

● 表示形式の変更方法

主な表示形式は [ホーム] タブの数値
グループにあるボタンで設定できる

[数値の書式] のここ (▽) をクリック
すると表示形式の一覧が表示される

● 表示形式の設定例

表示形式を設定すると、データの見た目を変更できる

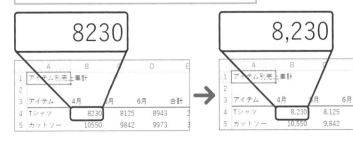

次のページに続く→

1 表示形式を変更する

セルB4 ～ セルF8の数値をカンマ表示、セルF1の日付を「年/月/日」表示にする	**1** セルB4 ～ セルF8をドラッグして選択

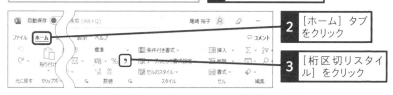

2 [ホーム] タブをクリック

3 [桁区切りスタイル] をクリック

セルB4 ～ セルF8の数値が3桁ごとにカンマ区切りで表示された

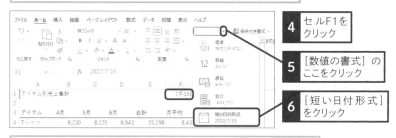

4 セルF1をクリック

5 [数値の書式] のここをクリック

6 [短い日付形式] をクリック

セルF1に入力された日付が、スラッシュ区切りの年月日で表示される

✦ 使いこなしのヒント

[書式設定] ダイアログボックスで詳細な設定をする

[数値の書式] にない表示は、以下の [セルの書式設定] ダイアログボックスで設定します。日付のセルF1をクリックし、和暦の表示にしてみましょう。

1 [ホーム] タブをクリック

2 [数値] グループの [表示形式] をクリック

3 [日付] をクリック

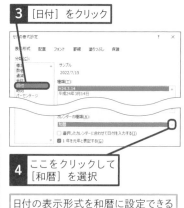

4 ここをクリックして [和暦] を選択

日付の表示形式を和暦に設定できる

使いこなしのヒント

表示形式を解除するには

表示形式の設定を解除するには [数値の書式] から [標準] を選びます。または、[ホーム]タブの[クリア]-[書式のクリア]をクリックします。

使いこなしのヒント

日付・時刻のシリアル値を知ろう

「2022/7/15」のように年月日が「/」で区切られた日付データをExcelは「シリアル値」という数値で管理しています。シリアル値は、「1900/1/1」を「1」と定め、1日ごとに「1」が加算されます。換算していくと「2022/7/15」はシリアル値「44757」です。この「シリアル値」を利用することで正しく日付の計算ができるのです。時刻のシリアル値は、1日(24時間)のシリアル値が1を24時間で割った値になります。

なお、関数の引数に「シリアル値」と指定されている場合は、日付または時刻のデータを設定します。

● 日付のシリアル値を確認するには

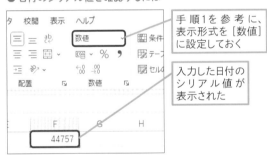

手順1を参考に、表示形式を[数値]に設定しておく

入力した日付のシリアル値が表示された

● 日付と時刻のシリアル値

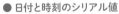

日付のシリアル値
1900/1/1 を 1 とし、1 ずつ増える

1900/1/1			2022/7/13	2022/7/14	2022/7/15
1	2		44755	44756	44757

24 時間
(シリアル値 =1)

時刻のシリアル値
1 日のシリアル値 =1
これを 24 時間に分割した値
(小数点以下の値になる)

0:00	6:00	12:00	18:00	24:00
44755.0	44755.25	44755.5	44755.75	44756.0

2022/7/13 の 12:00

条件付き書式でデータを目立たせる

動画で見る

条件付き書式

練習用ファイル L007_条件付き書式.xlsx

ここでは、「条件付き書式」について、機能と基本的な使い方を解説します。「条件付き書式」は目的のセルを強調するのに便利ですが、関数の結果が正しいかどうか確かめる際にも利用できます。使い方を確認しておきましょう。

条件付き書式とは

「条件付き書式」は、条件に合うセルにだけ色などの書式を設定することができます。例えば、たくさん並ぶ数値の中から10,000以上の値はどれか目で見て探すのは大変です。「条件付き書式」なら10,000以上に色を付けることができ、一目で目的の値が分かります。

	A	B	C	D	E	F
1	アイテム別売上集計					2022/7/15
2						
3	アイテム	4月	5月	6月	合計	月平均
4	Tシャツ	8,230	8,125	8,943	25,298	8,433
5	カットソー	10,550	9,842	9,973	30,365	10,122
6	ジャケット	8,955	9,231	10,340	28,526	9,509
7	パンツ	7,625	8,366	8,379	24,370	8,123
8	スカート	6,498	7,041	7,347	20,886	6,962

条件付き書式を設定すると、特定の値のセルが強調される

💡 使いこなしのヒント

条件に関数を指定できる

「条件付き書式」の条件は、あらかじめ用意されたもの以外に自由に設定することもできます。その際、関数も利用可能です。関数による複雑な条件の指定で利用範囲が広がります。関数の利用については第9章で紹介します。

条件に関数を指定し、土日の行に色を付けることができる

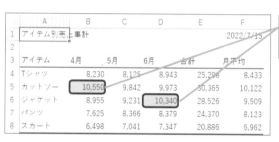

使いこなしのヒント

セルを塗りつぶす色を変更するには

セルの背景の色は、以下の手順で変えることができます。なお、右図の操作1のあと[ユーザー設定の書式]を選択すると、[書式設定]ダイアログボックスが表示され、[塗りつぶし]タブで好きな色を選ぶことができます。

下の手順1の3枚目の画面を
表示しておく

1 [書式]のここをクリック

文字や背景の色を選択できる

1 指定の値より大きい値を強調する

アイテム	4月	5月	6月	合計	月平均
4 Tシャツ	8,230	8,125	8,943	25,298	8,433
5 カットソー	10,550	9,842	9,973	30,365	10,122
6 ジャケット	8,955	9,231	10,340	28,526	9,509
7 パンツ	7,625	8,366	8,379	24,370	8,123
8 スカート	6,498	7,041	7,347	20,886	6,962

1 セルB4 ～セルD8
をドラッグして選択

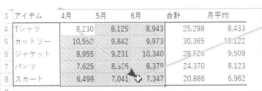

2 [ホーム]タブ
をクリック

3 [条件付き書式]
をクリック

4 [セルの強調表示
ルール]をクリック

5 [指定の値より大き
い]をクリック

指定の値より大きい ? ×

次の値より大きいセルを書式設定:

10000 ↑ 書式: 濃い赤の文字、明るい赤の背景

OK キャンセル

6 「10000」と入力

7 [OK]をクリック

10000より大きい値の
セルB5とセルD6が、
強調表示される

次のページに続く→

2 条件付き書式を解除する

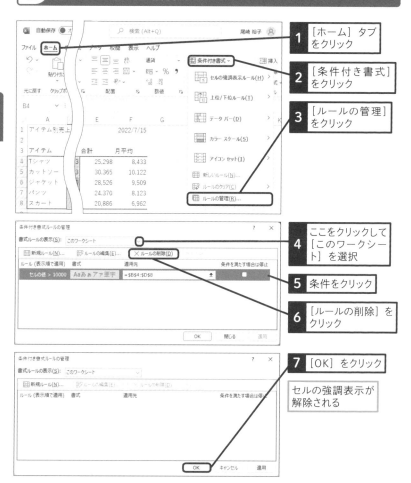

1 [ホーム] タブをクリック

2 [条件付き書式] をクリック

3 [ルールの管理] をクリック

4 ここをクリックして [このワークシート] を選択

5 条件をクリック

6 [ルールの削除] をクリック

7 [OK] をクリック

セルの強調表示が解除される

使いこなしのヒント

どんな条件を指定できるの?

セルの内容が数値、文字、日付により指定できる条件は異なります。数値の場合、値や上位/下位の何位までといった条件を指定できます。文字の場合、文字列を条件に指定します。日付は、先週や先月など日付独自の指定が可能です。

条件付き書式を修正するには

「条件付き書式」は後から、条件、書式、範囲の修正が可能です。条件、書式は、[ルールの編集]から行います（下図参照）。

範囲の修正は、[適用先]に表示されている範囲を修正します。

手順2の操作3を参考に、［条件付き書式ルールの管理］ダイアログボックスを表示しておく

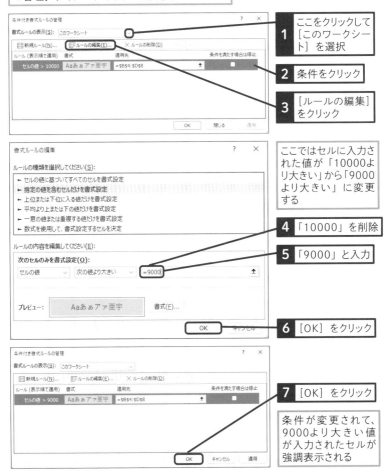

1　ここをクリックして［このワークシート］を選択

2　条件をクリック

3　［ルールの編集］をクリック

ここではセルに入力された値が「10000より大きい」から「9000より大きい」に変更する

4　「10000」を削除

5　「9000」と入力

6　[OK] をクリック

7　[OK] をクリック

条件が変更されて、9000より大きい値が入力されたセルが強調表示される

08 関数式を確実に入力する

動画で見る

［関数の引数］ダイアログボックス　　**練習用ファイル**　L008_関数引数DB.xlsx

関数式は、なにより正確に入力することが大事です。ここでは、数値の個数を数えるCOUNT関数を例に、関数名のアルファベットや引数を間違いなく入力する方法を紹介します。第3章以降で紹介するさまざまな関数も同じ方法で入力が可能です。

基本編 第2章 基本関数を使って表を作ろう

1 関数名を入力する

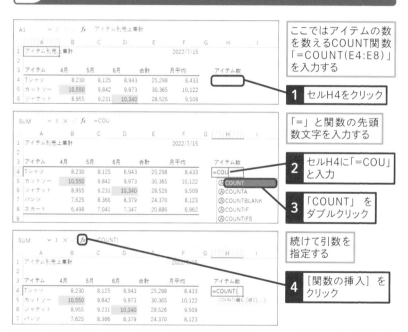

ここではアイテムの数を数えるCOUNT関数「=COUNT(E4:E8)」を入力する

1 セルH4をクリック

「=」と関数の先頭数文字を入力する

2 セルH4に「=COU」と入力

3 「COUNT」をダブルクリック

続けて引数を指定する

4 ［関数の挿入］をクリック

使いこなしのヒント

先頭文字の入力で関数名を選択できる

「=」に続けて関数名の最初の何文字かを入力すると、同じ文字で始まる関数、同じ文字を含む関数の一覧が表示されます。ここから選ぶのが確実です。なお、キーボードで選択する場合は、↓キーを押して関数名を選び、Tabキーを押します。

☀ 使いこなしのヒント

［関数の引数］ダイアログボックスとは

［関数の引数］ダイアログボックスは、引数の入力を手助けしてくれる画面です。引数は、関数により指定する数も内容も違うため、関数ごとにダイアログボックスが用意されています。［関数の引数］ダイアログボックスを使えば、引数の名前や解説を確認しながら引数を入力できます。

2 引数を指定する

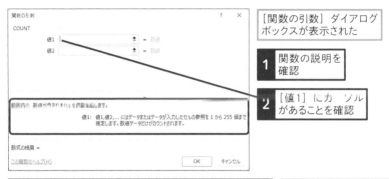

［関数の引数］ダイアログボックスが表示された

1 関数の説明を確認

2 ［値1］にカーソルがあることを確認

引数となるセル範囲を選択する

3 セルE4にマウスポインターを合わせる

4 セルE8までドラッグ

連続したセル範囲が選択され、点滅する枠線が表示された

次のページに続く ➡

3 関数の入力を確定する

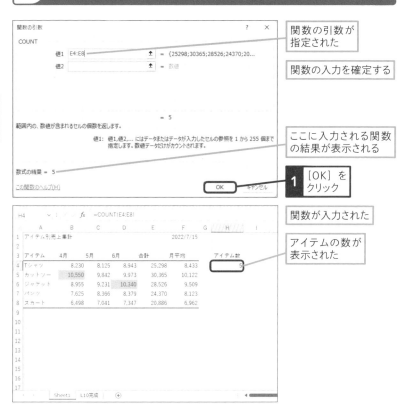

関数の引数が指定された

関数の入力を確定する

ここに入力される関数の結果が表示される

1 [OK] をクリック

関数が入力された

アイテムの数が表示された

使いこなしのヒント

[関数の引数] ダイアログボックスを使わないときは

引数は [関数の引数] ダイアログボックスを使わなくても入力できます。その場合は、「=COUNT(」まで入力した後、前ページ手順2の操作3に進み、引数のセル範囲をドラッグして選択します。引数が指定できたら「)」を入力して Enter キーを押しましょう。なお、この方法は、引数の数が多い関数では注意が必要です。引数と引数を区切る「,」も入力しなくてはなりませんし、必要な引数の個数をあらかじめ理解しておかなくてはなりません。ダイアログボックスを使えば、数式に「,」が自動で入力されます。

※ 使いこなしのヒント

関数式を直接入力するには

関数式を直接入力する場合、引数に指定するセルやセル範囲は、クリック、またはドラッグ操作で自動表示します（下図参照）。なお、引数が複数ある場合は、引数を区切る「,」の入力を忘れないよう注意が必要です。

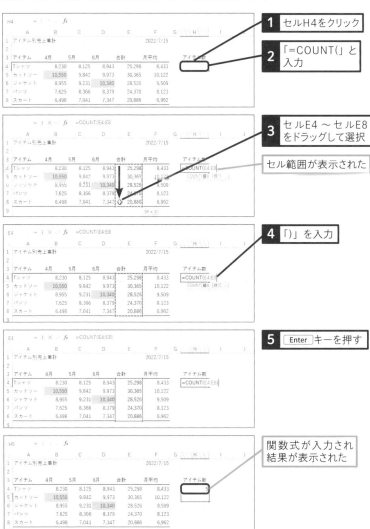

1 セルH4をクリック

2 「=COUNT(」と入力

3 セルE4 〜 セルE8をドラッグして選択

セル範囲が表示された

4 「)」を入力

5 Enter キーを押す

関数式が入力され結果が表示された

09 関数式を修正する

動画で見る

引数の修正　　　　　　　　　　　　練習用ファイル　L009_引数の修正.xlsx

関数式が間違っていると当然正しい結果は得られません。とくに引数に指定した
セル範囲は、間違っていたとしても、間違った範囲での結果が表示されるため
気づかないことがあります。ここでは、COUNT関数を例に引数の間違いを修正
します。

基本編　第2章　基本関数を使って表を作ろう

1 数式バーから修正する

ここではセルH4に入力された
COUNT関数の引数を修正する

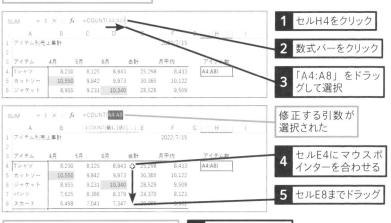

1 セルH4をクリック

2 数式バーをクリック

3 「A4:A8」をドラッグして選択

修正する引数が
選択された

4 セルE4にマウスポインターを合わせる

5 セルE8までドラッグ

引数がセルE4〜セルE8に修正された　　**6** Enter キーを押す

☀ 使いこなしのヒント

数式バーに直接入力しても修正できる

数式バーに表示されている数式は、一文
字ずつ手入力して修正することもできま
す。数式バーをクリックするとカーソル

が表示されるので、カーソルを移動して
数式の文字を修正します。

2 色枠をドラッグして修正する

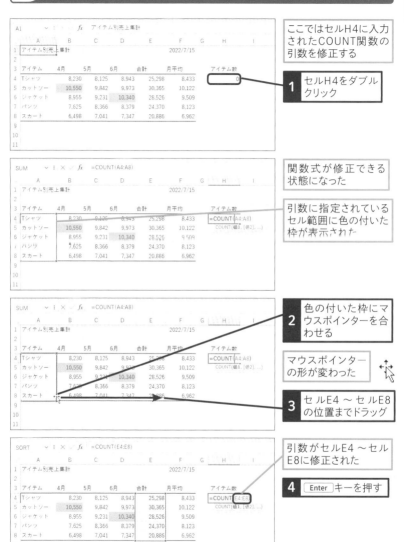

ここではセルH4に入力されたCOUNT関数の引数を修正する

1 セルH4をダブルクリック

関数式が修正できる状態になった

引数に指定されているセル範囲に色の付いた枠が表示された

2 色の付いた枠にマウスポインターを合わせる

マウスポインターの形が変わった

3 セルE4 〜 セルE8の位置までドラッグ

引数がセルE4 〜 セルE8に修正された

4 Enter キーを押す

10 関数式の参照を確認する

動画で見る

トレース

練習用ファイル L010_トレース.xlsx

関数による計算や処理が複雑になると、どの値を元にどの計算がされているのかを追っていくのが難しくなります。そうした場面で役に立つのが「トレース」機能です。関数の式と計算や処理の元になる値の関係を矢印の線で見せてくれます。

1 参照元のトレース矢印を表示する

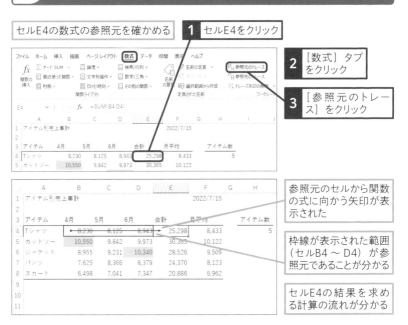

セルE4の数式の参照元を確かめる

1 セルE4をクリック

2 [数式] タブをクリック

3 [参照元のトレース] をクリック

参照元のセルから関数の式に向かう矢印が表示された

枠線が表示された範囲（セルB4 ～ D4）が参照元であることが分かる

セルE4の結果を求める計算の流れが分かる

🔍 **用語解説**

トレース

表を一見しただけでは、どの値がどこで計算されているかは分かりません。トレースは、それを視覚的に表現する機能です。

表示される矢印をたどっていくと、どのセルの値で計算が実行されているのかを確認できます。

※ 使いこなしのヒント

「参照元」「参照先」とは

「参照元」と「参照先」の意味は、Excel
独自のものです。Excelでは、ある値を計
算して結果を出した場合、値のセルを「参
照元」といい、結果のセルを「参照先」
といいます。

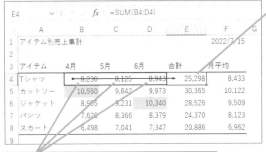

セルB4 〜 D4の計算
結果であるセルE4は、
セルB4 〜 D4の参照
先となる

セルE4に表示された計算結果の元の値となる
セルB4 〜セルD4は、セルE4の参照元しなる

2 参照元のトレース矢印を削除する

すべてのトレース
矢印を削除する

1 [トレース矢印の
削除] をクリック

トレース矢印が
削除された

次のページに続く ➡

3 参照先のトレース矢印を表示する

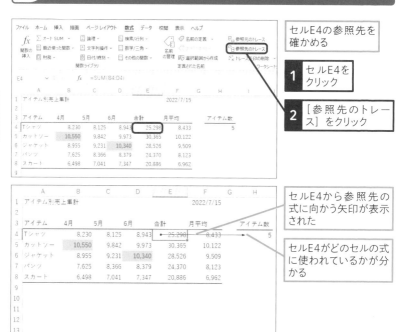

セルE4の参照先を確かめる

1 セルE4をクリック

2 [参照先のトレース] をクリック

セルE4から参照先の式に向かう矢印が表示された

セルE4がどのセルの式に使われているかが分かる

使いこなしのヒント

数式がどこに入力されているかを確かめるには

数式が入力されている場所を確認する方法として、35ページで [数式の表示] を紹介しましたが、数式の内容ではなく場所だけを知りたいという場合は、数式が入力されているセルだけをすべて一度に自動選択する機能が便利です。

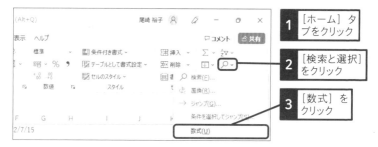

1 [ホーム] タブをクリック

2 [検索と選択] をクリック

3 [数式] をクリック

4 参照先のトレース矢印を削除する

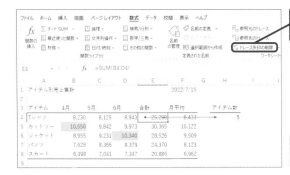

1 [トレース矢印の削除] をクリック

参照先のトレース矢印が削除される

☀ 使いこなしのヒント

参照元や参照先が別シートの場合は

関数の引数には別シートを指定することができます。その場合、参照元や参照先のトレースの矢印は、破線とアイコンの表示に変わります。破線をダブルクリックしダイアログボックスでシート名とセルを確認します。

[ジャンプ] ダイアログボックスが表示された

参照元や参照先に設定されている場所が表示される

参照元や参照先が別シートにある場合は、破線とワークシートのアイコンが表示される

	B		fx	=SUM(銀座店:新宿店!B3)
	A	B	C	D
1	部門別売上集計 (全店合計)			
2	部門	4月	5月	6月
3	キッチン用品	31,803	30,232	27,09
4	インテリア雑貨	31,145	30,834	29,20
5	ステーショナリ	30,407	27,742	32,93

1 破線をダブルクリック

ジャンプ ? ×

移動先:

[部門別売上集計.xlsx]銀座店!$B$3
[部門別売上集計.xlsx]渋谷店!$B$3
[部門別売上集計.xlsx]新宿店!$B$3

参照先(R):

[部門別売上集計.xlsx]銀座店!$B$3

セル選択(S)... | OK | キャンセル

移動先を選択して [OK] をクリックすると選択した場所に移動する

セル参照　　　　　　　　　　　　**練習用ファイル**　　L011_セル参照.xlsx

数式や引数にセルやセル範囲を指定することを「参照」といいます。「参照」
には「相対参照」と「絶対参照」があり、見た目も働きも違います。ここで両
者の違いを確認し、使い分けられるようにしておきましょう。

相対参照とは

「=A1+B1」や「=SUM(A1:A10)」のように、セルやセル範囲を列番号と行
番号で指定するのが「相対参照」です。「相対参照」のセルやセル範囲は、
式をコピーしたときコピー先に合わせて変わるのが特徴です。しかし、変わると
困る場合があります。以下の例では、構成比を求める式「=E4/E9」をコピー
していますが、コピー先で「E9」が「E10」に変わりエラーとなります。このよ
うな場合は「絶対参照」でセルを指定する必要があります。

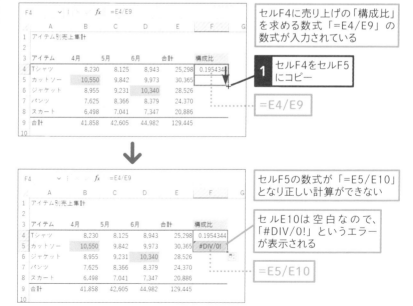

セルF4に売り上げの「構成比」を求める数式「=E4/E9」の数式が入力されている

1 セルF4をセルF5にコピー

=E4/E9

セルF5の数式が「=E5/E10」となり正しい計算ができない

セルE10は空白なので、「#DIV/0!」というエラーが表示される

=E5/E10

基本編　第**2**章　基本関数を使って表を作ろう

絶対参照とは

数式をコピーするとセル参照が変化する「相対参照」に対し、「絶対参照」は、数式をコピーしてもセル参照が変わりません。絶対参照とするには、「$E$9」のように列番号と行番号の前に「$」を付けます。下の例は、絶対参照を指定した数式をコピーした例です。「構成比」を求める場合、「=E4/E9」の「E9」は、どの行の構成比を求めるときも同じ「E9」でなくてはなりません。そこで、数式をコピーしたときにセルの参照が変わらないように「=E4/$E$9」と絶対参照で指定します。

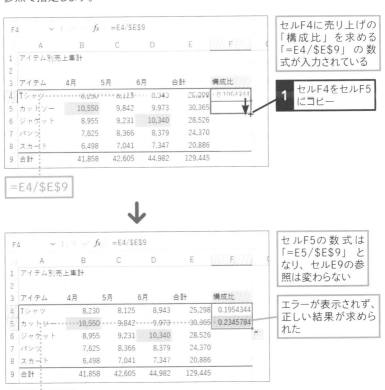

セルF4に売り上げの「構成比」を求める「=E4/$E$9」の数式が入力されている

1 セルF4をセルF5にコピー

=E4/$E$9

セルF5の数式は「=E5/$E$9」となり、セルE9の参照は変わらない

エラーが表示されず、正しい結果が求められた

=E5/$E$9

次のページに続く➡

1 相対参照を絶対参照に切り替える

F5			f_x			
	A	B	C	D	E	F
1	アイテム別売上集計					
2						
3	アイテム	4月	5月	6月	合計	構成比
4	Tシャツ	8,230	8,125	8,943	25,298	0.1954344
5	カットソー	10,550	9,842	9,973	30,365	
6	ジャケット	8,955	9,231	10,340	28,526	

> セルF4に入力した数式を修正する

> **1** セルF4をダブルクリック

> セルのデータが編集可能な状態になる

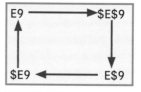

☀ 使いこなしのヒント

数式をコピーするには

数式をコピーするには「オートフィル」を行います。数式を入力したセルの右下角にあるフィルハンドルをドラッグすると、数式がコピーされます。

☀ 使いこなしのヒント

コピー先の数式を必ず確認しよう

ここで求める構成比は、参照するセルを絶対参照にしないとエラーになりますが、ほかの計算では、エラーになるとは限らず、間違った数式による計算結果が表示される場合もあります。数式をコピーしたときには、コピー先の数式の参照が間違っていないか確認するようにしましょう。

⏱ 時短ワザ

相対参照が F4 キーで絶対参照になる

絶対参照は「$E$9」のように列番号や行番号に「$」を付けますが、F4 キーで簡単に参照方法の切り替えができます。次のページから詳しく紹介しますが、「E9」の相対参照を F4 キーで「$E$9」の絶対参照に変更します。

● 絶対参照の切り替え

```
E9 ───────→ $E$9
↑              │
│              ↓
$E$9 ←────── E$9
```

> F4 キーを押すごとに絶対参照が切り替わる

💡 使いこなしのヒント

関数の引数にも指定できる

関数の中には、引数に絶対参照を指定しなくてはならないものがあります。また、計算の内容によっては、相対参照と絶対参照を使い分ける必要もあります。

💡 使いこなしのヒント

数式を入力するときに絶対参照にするには

ここでは、すでに入力済みの式の参照を絶対参照に修正していますが、数式を入力するときに絶対参照に切り替えた方が効率的です。その場合は、「=E4/E9」の「E9」を入力した直後に F4 キーを押します。

● 数式の参照を絶対参照に切り替える

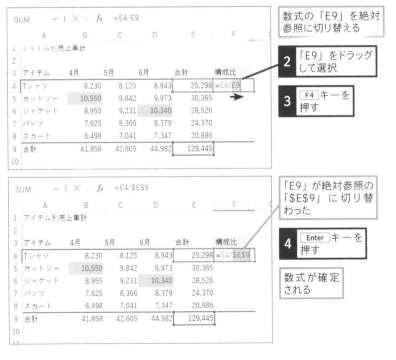

数式の「E9」を絶対参照に切り替える

2 「E9」をドラッグして選択

3 F4 キーを押す

「E9」が絶対参照の「$E$9」に切り替わった

4 Enter キーを押す

数式が確定される

次のページに続く →

2 絶対参照の数式をコピーする

数式をコピーして「カットソー」「ジャケット」
「パンツ」「スカート」の構成比を求める

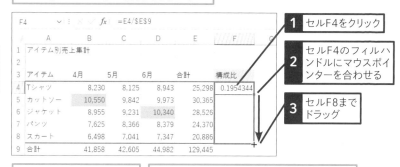

F4		× ✓ fx	=E4/$E$9			
	A	B	C	D	E	F
1	アイテム別売上集計					
2						
3	アイテム	4月	5月	6月	合計	構成比
4	Tシャツ	8,230	8,125	8,943	25,298	0.1954344
5	カットソー	10,550	9,842	9,973	30,365	
6	ジャケット	8,955	9,231	10,340	28,526	
7	パンツ	7,625	8,366	8,379	24,370	
8	スカート	6,498	7,041	7,347	20,886	
9	合計	41,858	42,605	44,982	129,445	

1 セルF4をクリック

2 セルF4のフィルハンドルにマウスポインターを合わせる

3 セルF8までドラッグ

セルF4の数式がセルF5〜F8にコピーされた

セルF8とセルF9の間の罫線が消えてしまったので、コピー方法を変更する

3	アイテム	4月	5月	6月	合計	構成比
4	Tシャツ	8,230	8,125	8,943	25,298	0.1954344
5	カットソー	10,550	9,842	9,973	30,365	0.2345784
6	ジャケット	8,955	9,231	10,340	28,526	0.2203716
7	パンツ	7,625	8,366	8,379	24,370	0.1882653
8	スカート	6,498	7,041	7,347	20,886	0.1613504
9	合計	41,858	42,605	44,982	129,445	
10						○ セルのコピー(C)
11						○ 書式のみコピー (フィル)(F)
12						○ 書式なしコピー (フィル)(O)
13						○ フラッシュ フィル(F)

4 [オートフィルオプション] をクリック

5 [書式なしコピー（フィル）] をクリック

セルF8とセルF9の間の罫線が元に戻る

☀ 使いこなしのヒント

構成比を%で表示するには

セル範囲を選択した後、[ホーム] タブの [パーセントスタイル] ボタンをクリックします。このとき小数点以下は四捨五入された表示になります。小数点以下の桁を増やして表示する場合は、[小数点以下の表示桁数を増やす] ボタン（）をクリックします。

1 [パーセントスタイル] をクリック

[小数点以下の表示桁数を増やす] をクリックすると、小数点第1位まで表示される

月	合計	構成比
8,943	25,298	0.1954344
9,973	30,365	0.2345784
10,340	28,526	0.2203716
8,379	24,370	0.1882653
7,347	20,886	0.1613504
44,982	129,445	

❋ 使いこなしのヒント

行や列だけを絶対参照にできる

絶対参照は、行と列に対して行う（\$E\$9）以外にも、行のみ絶対参照（E\$9）、列のみ絶対参照（\$E9）を指定する複合参照が可能です。「構成比」を求める例では、セルE9を行と列ともに絶対参照（\$E\$9）にしましたが、もともと列がずれる心配はないので、行のみを絶対参照にして「E\$9」としても構いません。このように絶対参照は、行と列に対しそれぞれ設定できます。

関数によっては、複数の行、列に同じ数式を入力するために、行のみ、あるいは、列のみの絶対参照を使い分けることがあります。

なお、絶対参照の指定は、F4 キーを押すたびに「E9」（相対参照）→「\$E\$9」→「E\$9」→「\$E9」と切り替わります。さらに押すと「E9」の相対参照に戻ります。

● 行のみ絶対参照にする

手順1を参考にして、セルF4の数式の「E9」をドラッグして選択しておく | **1** F4 キーを2回押す

`=E4/E9`

↓

行のみ絶対参照に切り替わった

`=E4/E$9`

● 列のみ絶対参照にする

手順1を参考にして、セルF4の数式の「E9」をドラッグして選択しておく | **1** F4 キーを3回押す

`=E4/E9`

↓

列のみ絶対参照に切り替わった

`=E4/$E9`

絶対参照

練習用ファイル L012_絶対参照.xlsx

関数の式をコピーして効率よく作業するには、引数の参照を相対参照、絶対参照に正しく使い分ける必要があります。ここでは、指定した値が特定の範囲の中で何位になるか順位を調べるRANK.EQ関数を例に解説します。

1 引数を絶対参照で入力する

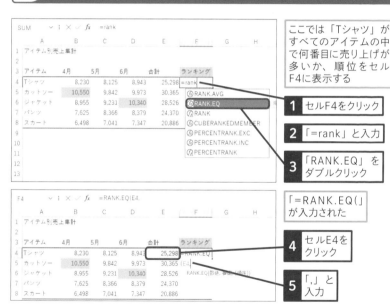

ここでは「Tシャツ」がすべてのアイテムの中で何番目に売り上げが多いか、順位をセルF4に表示する

1 セルF4をクリック

2 「=rank」と入力

3 「RANK.EQ」をダブルクリック

「=RANK.EQ(」が入力された

4 セルE4をクリック

5 「,」と入力

使いこなしのヒント

絶対参照の指定を忘れた場合

上のように各アイテムの順位を求めたい場合、RANK.EQ関数の引数 [参照] は絶対参照にします。もし絶対参照にしな

いまま式をコピーすると、引数 [参照] の範囲がコピー先ごとに変化してしまい正しい順位になりません。

基本編 第2章 基本関数を使って表を作ろう

● 2つ目の引数に指定するセル範囲を選択する

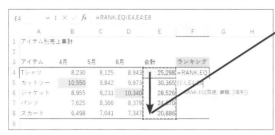

> **6** セルE4 〜 セルE8 をドラッグ
>
> **7** F4 キーを押す

> セルE4 〜セルE8が絶対参照に切り替わった

> **8** 「,0)」と入力
>
> **9** Enter キーを押す
>
> レッスン05を参考に、セルF4の数式をセルF5 〜セルF8にコピーしておく

使いこなしのヒント

RANK.EQ関数って?

RANK.EQ関数は順位を調べる関数です（詳しくはレッスン71参照）。ここでは、以下のように引数を指定します。

ランクイコール
=RANK.EQ(数値 , 参照 , 順序)

引数	説明	指定した値
数値	順位を調べたい対象となる値	E4
参照	どのグループの中で順位を調べるのかその範囲（絶対参照）	\$E\$4:\$E\$8
順序	数値の降順に順位を付ける「0」、または昇順に順位を付ける「1」	0

13 表をテーブルにする

テーブル

練習用ファイル L013_テーブル.xlsx

ここからは、「テーブル」の作成と使い方を解説します。テーブルは、Excelの表作成には欠かせない機能です。本書でも随所でテーブルを利用します。まずテーブルをどのように作成するか確認しておきましょう。

基本編 第2章 基本関数を使って表を作ろう

テーブルとは

「テーブル」は、データを蓄積するための枠組みです。表をこの枠組みに当てはめることで、表全体の処理が簡単になります。例えば、表の行が増えたとすると、その行に自動的に罫線や色が適用され、数式があれば自動的にコピーしてくれます。ほかにどのような働きがあるか見てみましょう。

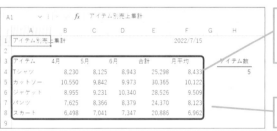

先頭行は項目名、1行に1件のデータが入力してある範囲をテーブルにする

隣接するセルにはデータを入力しない

条件によりデータを抽出する「フィルター」機能が自動的にオンになる

テーブル全体に罫線や色のデザインが設定できる

行を増やすと自動的にテーブルが広がる

データを集計する行を必要に応じて表示/非表示できる

1 テーブルを作成する

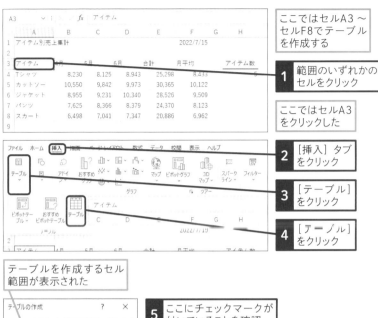

ここではセルA3～セルF8でテーブルを作成する

1 範囲のいずれかのセルをクリック

ここではセルA3をクリックした

2 [挿入] タブをクリック

3 [テーブル] をクリック

4 [テーブル] をクリック

テーブルを作成するセル範囲が表示された

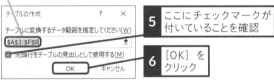

5 ここにチェックマークが付いていることを確認

6 [OK] をクリック

テーブルが作成された

⚠ ここに注意

テーブルの範囲は自動的に認識させることができます。データが連続して入力された列、行が対象です。途中空白行があると思い通りの範囲になりません。

⌨ ショートカットキー

テーブルを作成
`Ctrl` + `T`

次のページに続く ➡

2 テーブル名を変更する

自動的に [テーブルデザイン] タブに切り替わる	自動的に「テーブル1」というテーブル名が付いている	「テーブル1」というテーブル名を「集計表」に変更する

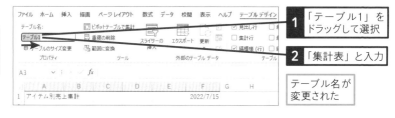

1 「テーブル1」をドラッグして選択

2 「集計表」と入力

テーブル名が変更された

3 テーブルを解除する

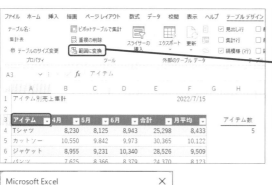

1 テーブル内のセルをクリック

2 [範囲に変換] をクリック

3 [はい] をクリック

⚠ ここに注意

表をテーブルに設定したあと、必ずしも解除する必要はありません。このまま保存や印刷も可能です。テーブル機能が不要のとき手順3の方法で解除することができます。

💡 使いこなしのヒント

テーブルの書式を解除するには

テーブルを解除してもテーブルの書式（罫線や色など）は元には戻りません。元に戻すには、テーブルを解除する前に、69ページのヒントを参考に、色や罫線が何もないスタイルを選んでおく必要があります。

基本編 第**2**章 基本関数を使って表を作ろう

使いこなしのヒント

フィルターで簡単にデータを抽出できる

テーブルには自動的に「フィルター」機能の働きが追加されます。項目名の右横のフィルターボタンで条件を指定すると、該当するデータのみ表示されます。膨大なデータの中から特定のものだけを見たいときに便利です。

> ここでは「Tシャツ」と「スカート」の売上金額だけを抽出する

1 セルA3のフィルターボタンをクリック

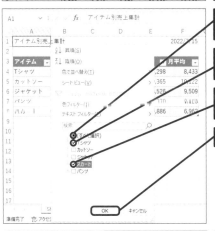

2 [(すべて選択)]のここをクリックしてチェックマークを外す

3 [Tシャツ]のここをクリックしてチェックマークを付ける

4 [スカート]のここをクリックしてチェックマークを付ける

5 [OK]をクリック

> 「Tシャツ」と「スカート」の売上金額だけが抽出された

● フィルター結果を解除するには

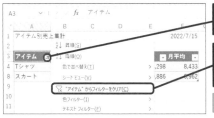

1 セルA3のフィルターボタンをクリック

2 ["(セルに入力された文字列)"からフィルターをクリア]をクリック

> フィルター結果が解除される

テーブルにデータを追加する

動画で見る

テーブルへのデータ追加　　　　　　　**練習用ファイル**　L014_TBLへのデータ追加.xlsx

テーブルにデータを追加すると、テーブルの範囲は自動的に広がります。そのとき、テーブルがどのように変化するかを確認しておきましょう。ここでは、テーブルのすぐ下の行に新しいデータを追加します。

1 テーブルに行を追加する

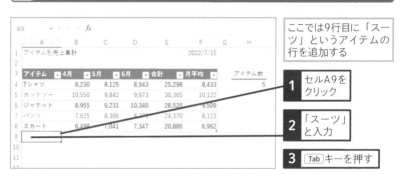

ここでは9行目に「スーツ」というアイテムの行を追加する

1 セルA9をクリック

2 「スーツ」と入力

3 Tab キーを押す

使いこなしのヒント

テーブル範囲の拡大で関連する式も変わる

テーブルにデータを追加するとテーブル範囲が自動的に広がりますが、それに合わせてテーブルを参照している式も範囲が自動的に変わります。下図の例では、セルH4のCOUNT関数の引数がデータ追加前と後で変わります。

●データ追加前

=COUNT(E4:E8)

●データ追加後

=COUNT(E4:E9)

2 テーブルにデータを追加する

セルB9が選択された	セルH4に入力された関数式の引数の範囲が自動的に広がり、アイテム数が「5」から「6」に増えた

B9 ∨ : × ✓ fx 11500

	A	B	C	D	E	F	G	H
1	アイテム別売上集計					2022/7/15		
2								
3	アイテム	4月	5月	6月	合計	月平均		アイテム数
4	Tシャツ	8,230	8,125	8,943	25,298	8,433		6
5	カットソー	10,550	9,842	9,973	30,365	10,122		
6	ジャケット	8,955	9,231	10,340	28,526	9,509		
7	パンツ	7,625	8,366	8,379	24,370	8,123		
8	スカート	6,498	7,041	7,347	20,886	6,962		
9	スーツ	11500			0	#DIV/0!		

1 「11500」と入力

2 Tab キーを押す

セルE9とセルF9に、関数式が自動的にコピーされた

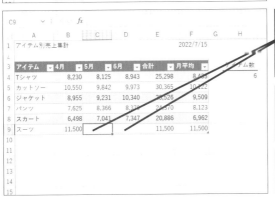

C9 ∨ : fx

	A	B	C	D	E	F	G	H
1	アイテム別売上集計					2022/7/15		
3	アイテム	4月	5月	6月	合計	月平均		アイテム数
4	Tシャツ	8,230	8,125	8,943	25,298	8,433		6
5	カットソー	10,550	9,842	9,973	30,365	10,122		
6	ジャケット	8,955	9,231	10,340	28,526	9,509		
7	パンツ	7,625	8,366	8,379	24,370	8,123		
8	スカート	6,498	7,041	7,347	20,886	6,962		
9	スーツ	11,500			11,500	11,500		
10								
11								
12								
13								
14								
15								

3 セルC9に「12370」、セルD9に「9958」とそれぞれ入力

新たに追加した「スーツ」の4月～6月の合計売上金額がセルE9に表示される

同様に「スーツ」の4月～6月の売上平均がセルF9に表示される

使いこなしのヒント

テーブルの見た目を変えるには

テーブルの罫線や色を変えるには、テーブルのスタイルを変更します。テーブル内のセルをクリックすると表示される [テーブルデザイン] タブでスタイルを選びます。

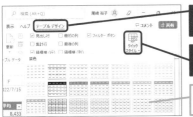

1 [テーブルデザイン] タブをクリック

2 [クイックスタイル] をクリック

一覧からスタイルをクリックするとデザインを変更できる

15 テーブルを集計する

動画で見る

集計行　　　　　　　　　　　　　　　　**練習用ファイル** L015_集計行.xlsx

テーブルの値を集計したい場合は、SUM関数やAVERAGE関数を入力するのではなく、[テーブルデザイン]タブの[集計行]を利用します。データの増減が見込まれる表では、必要に応じて[集計行]の表示/非表示を切り替えます。

1 集計行を追加する

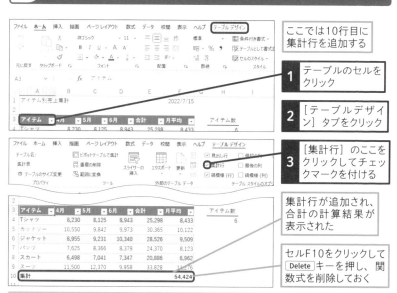

ここでは10行目に集計行を追加する

1 テーブルのセルをクリック

2 [テーブルデザイン]タブをクリック

3 [集計行]のここをクリックしてチェックマークを付ける

集計行が追加され、合計の計算結果が表示された

セルF10をクリックして Delete キーを押し、関数式を削除しておく

使いこなしのヒント

集計行を非表示にするには

集計行は、チェックマークを外すと非表示になります。なお、一度指定した合計などの計算方法は、集計行を非表示にしても残っていますので、いつでも前回と同じ集計行を再表示することができます。

1 [集計行]のここをクリックしてチェックマークを外す

集計行が非表示になった

2 集計行に計算方法を指定する

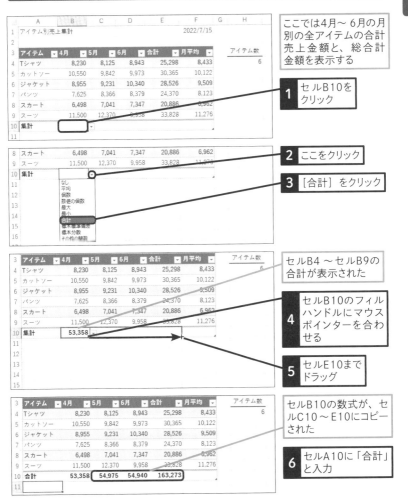

ここでは4月～6月の月別の全アイテムの合計売上金額と、総合計金額を表示する

1 セルB10をクリック

2 ここをクリック

3 [合計]をクリック

なし
平均
個数
数値の個数
最大
最小
合計
標本標準偏差
標本分散
その他の関数

セルB4～セルB9の合計が表示された

4 セルB10のフィルハンドルにマウスポインターを合わせる

5 セルE10までドラッグ

セルB10の数式が、セルC10～E10にコピーされた

6 セルA10に「合計」と入力

🔆 使いこなしのヒント

集計行のセルを選択するとボタンが表示される

集計行のセルには計算方法を選ぶためのボタン（▼）が用意されています。平均や合計といった一覧から計算方法を選びます。なお、[その他の関数]を選ぶと、一覧にない関数を入力することができます。

スキルアップ

Excelのエラー表示の種類を知ろう

数式や関数の結果に「#VALUE」などの「#」で始まるエラーが表示されること
があります。エラーは、数式の入力に間違いがあるときや何らかの理由で数式が
正常に処理されないときに表示されるので、以下を参考に原因を突き止めて対
処します。なお、エラー表示を回避するための処理をレッスン22で詳しく紹介します。

#DIV/0!　数値を「0」(ゼロ)で割り算してしまっている

原因	対処法
数式の分母として参照しているセルが空白または「0」である	セルに「0」以外の値を入力する
数式をコピーしたときに、空欄のセルを参照している	レッスン22を参考にしてIFERROR関数を使うか、引数に正しいセル参照を入力し直す

#N/A　関数や数式に使える値がない

原因	対処法
VLOOKUP関数などで、引数[検索値]に間違った値が指定されている	引数に指定している内容を確認し、正しく設定し直す

#NAME?　関数のつづりを間違えたり、間違った[名前]が入力されている

原因	対処法
入力した関数名のつづりが間違っている	関数名を正しく入力し直す
「&」で文字列を組み合わせるとき、「"」を付け忘れている	文字列の前後に「"」を付ける
テーブルに設定していない[名前]を入力している	テーブルや列に設定した[名前]を確認して、正しく入力し直す

#NULL!　セル参照に使う記号が間違っている

原因	対処法
セル範囲への参照が「 」(半角の空白)で入力されている	「 」を「:」か「,」に修正する

#NUM!　引数に間違ったデータが入力されている

原因	対処法
指定できる数値が限られている引数に、間違った数値を指定している	引数に指定している数値を確認し、正しい数値に修正する

#REF!　数式や関数に使われているセル参照が無効になった

原因	対処法
参照していたセルが削除または移動	削除したセルにもう一度データを入力する

#VALUE!　数式や関数の引数に入れるデータの種類が間違っている

原因	対処法
数値を計算する数式で参照しているセルに、数値以外のデータを入力している	引数としてセル参照がある場合などは、参照先のセルに正しい値が入力されているか確認する
関数の引数に使っているセル参照が、コピーなどによってずれている	レッスン22を参考にしてIFERROR関数を使うか、引数を正しいセル参照に修正する

##########　セルに表示できない数値が入力されている

原因	対処法
セル幅より長い桁の数値が入力されている	数値がすべて表示されるようにセルの幅を広げる
日付や時間を計算をする際に答えがマイナスになる数式を入力している	答えがマイナスにならない数式に修正する

基本編

第3章

ビジネスに必須の
関数をマスターしよう

この章では、SUM関数やAVERAGE関数といった基本
関数に加え、いろいろな場面で応用がきく関数を紹介し
ます。ただ関数を入力するだけでなく、どのような使い
方をするのか確認しましょう。

16 合計値を求めるには

動画で見る

SUM

複数の数値を足す合計は、SUM関数で求めます。SUM関数は、あらゆる表でよく使われる基本の関数です。ここでは、支店別の売上金額の合計を求めます。

数学／三角

対応バージョン　365　2021　2019　2016

数値の合計値を表示する

$$=\text{SUM}(\text{数値})$$

サ　ム

SUM関数は、引数に指定された複数の数値の合計を求めます。引数には、数値、セル、セル範囲を指定することができます。数値の場合「10,20,30」のように、セルの場合「A1,A5,A10」のように「,」（カンマ）で区切って指定します。セル範囲の場合は、「A1:A10」のように「:」（コロン）でつなげて範囲を指定します。

引数

| 数値　合計を計算したい複数の数値、セル、セル範囲を指定します。

🔗 関連する関数

SUMIF	P.152	SUMPRODUCT	P.236
SUMIFS	P.142		

💡 使いこなしのヒント

引数のセル範囲を色で確認する

引数にセルやセル範囲を指定すると、その場所に色と枠線が付きます。数式内の引数も同じ色になります。実際のセルと引数を色で確認できるわけです。数式の

入力途中だけでなく、入力後の数式をダブルクリックしたときも、色枠で確認できることを覚えておきましょう。

使用例 **売上金額を合計する** セルB8の式

=SUM(B3:B7)

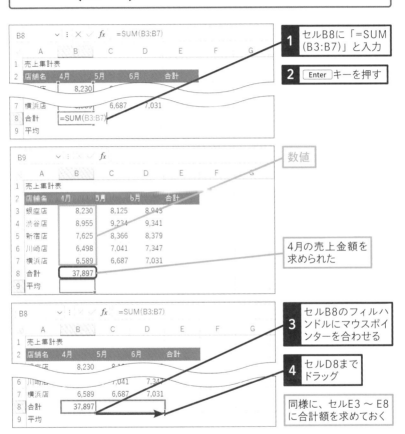

| | | | | 1 | セルB8に「=SUM(B3:B7)」と入力 |

2 Enter キーを押す

| | | | | | 数値 |

4月の売上金額を求められた

| | | | | 3 | セルB8のフィルハンドルにマウスポインターを合わせる |

4 セルD8までドラッグ

同様に、セルE3 〜 E8に合計額を求めておく

ポイント

数値　ここでは、すべての店舗の売上合計を求めます。4月の売り上げを求めるので、各店舗の金額が含まれるセルB3 〜 B7のセル範囲を指定します。

17 平均値を求めるには

AVERAGE

平均値はAVERAGE関数で求めます。平均は、数値の合計を個数で割る計算ですが、関数を利用すれば、対象にしたい数値のセル範囲を指定するだけで簡単に求められます。

統計　　　　　　　　　　　　　　　対応バージョン　365　2021　2019　2016

数値の平均値を表示する

$$=\text{AVERAGE(数値)}$$
アベレージ

AVERAGE関数は、引数に指定した複数の数値の平均を求めます。引数には、セル範囲を指定できます。なお、セル範囲に文字列や空白セルが含まれている場合、それらは無視されます。「0」は数値として有効です。

引数

| 数値　平均の計算の対象にしたい複数の数値、セル、セル範囲を指定します。

🔗 関連する関数

| GEOMEAN | P.216 | TRIMMEAN | P.214 |
| MEDIAN | P.226 | | |

💡 使いこなしのヒント

文字列も含めて平均値を求めるには

平均を求める関数には、AVERAGEA関数もあります。AVERAGEA関数は、文字列や論理値、空白セルを計算対象にします（文字列=0、論理値TRUE=1、FALSE=0、空白セル=0として計算）。成績表の点数に「欠席」などの文字が入力されているとき、これを0点として計算するときは、AVERAGEA関数を使いましょう。

	A	B
1	試験成績評価表	
2	氏名	総合点
3	新庄 加奈	80
4	野口 勇人	欠席
5	中村 翔	80
6	森山 桜子	80
7	AVERAGE	80
8	AVERAGEA	60
9		

文字列を「0」と見なして平均値を求められる

基本編　第3章　ビジネスに必須の関数をマスターしよう

練習用ファイル ▶ L017_AVERAGE.xlsx

使用例 **売上金額を平均する**　　　　　　　　　　　　セルB9の式

=AVERAGE(B3:B7)

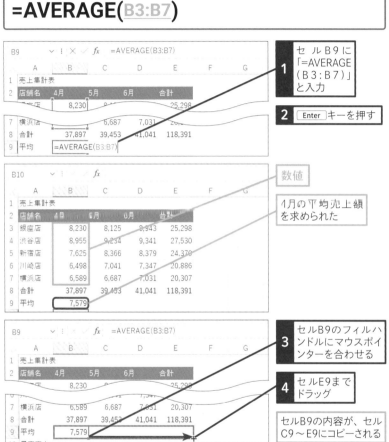

1 セルB9に「=AVERAGE(B3:B7)」と入力

2 Enter キーを押す

数値

4月の平均売上額を求められた

3 セルB9のフィルハンドルにマウスポインターを合わせる

4 セルE9までドラッグ

セルB9の内容が、セルC9～E9にコピーされる

💡 使いこなしのヒント

引数のセル範囲を色で確認する

関数名を間違いなく入力するには、「=AV」のように「=」と先頭2～3文字 を入力し、表示される関数の一覧から選びます（**レッスン08参照**）。

できる 77

18 最大値や最小値を 求めるには

MAX、MIN

複数の数値の中の最大値を調べるにはMAX関数を、最小値を調べるにはMIN関数を使います。最大値、最小値を取り出して表示する関数です。

統計　　　　　　　　　　　対応バージョン 365 2021 2019 2016

数値の最大値を表示する

マックス
=MAX(数値)

MAX関数は、最大値を求める関数です。引数に指定した数値の中から最大値を取り出して表示します。最高金額や最高点などを調べる場合に使いますが、引数に日付を指定した場合は、最も新しい日付を調べられます。

引 数

| 数値　最大値を求めたい複数の数値、セル、セル範囲を指定します。

🔗 関連する関数

LARGE	P.118	MINIFS	P.139
MAXIFS	P.138	SMALL	P.119

☀ 使いこなしのヒント

条件に合うデータの中で最大値、最小値を求めるには

条件を満たしているデータだけを対象に最大値、最小値を求めるにはMAXIFS関数、MINIFS関数を利用します（Excel 2016は利用不可）。詳しくはレッスン45で紹介します。

統計

対応バージョン 365 2021 2019 2016

数値の最小値を表示する

ミニマム
=**MIN**(数値)

MIN関数は、最小値を求めます。引数に指定した数値から最も小さい値を表示します。引数に日付を指定した場合は、最も古い日付が表示されます。

𝒫 関連する関数

LARGE	P.118	MINIFS	P.139
MAXIFS	P.138	SMALL	P.119

引数

数値　最小値を求めたい複数の数値、セル、セル範囲を指定します。

練習用ファイル ▶ L018_MAX.xlsx

使用例 最高売上額を表示する　　　　　　　　　　　セルB10の式

=**MAX**(B3:B7)

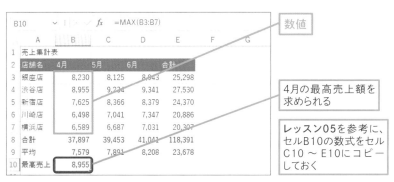

| B10 | ～ : ✓ fx | =MAX(B3:B7) | | | | | 数値 |
| A | B | C | D | E | F | G |
| 1 売上集計表 |
2 店舗名	4月	5月	6月	合計
3 銀座店	8,230	8,125	8,943	25,298
4 渋谷店	8,955	9,234	9,341	27,530
5 新宿店	7,625	8,366	8,379	24,370
6 川崎店	6,498	7,041	7,347	20,886
7 横浜店	6,589	6,687	7,031	20,307
8 合計	37,897	39,453	41,041	118,391
9 平均	7,579	7,891	8,208	23,678
10 最高売上	8,955

4月の最高売上額を求められる

レッスン05を参考に、セルB10の数式をセルC10 〜 E10にコピーしておく

ポイント

数値　ここでは、4月中で売り上げの最高金額を求めるために、各店舗の売上金額が含まれるセルB3 〜 B7のセル範囲を指定します。

19 累計売り上げを求めるには

動画で見る

数値の累計

累計売り上げとは、売上金額を日付ごとに順次加えたものです。SUM関数で結果を求められますが、引数のセル範囲は行ごとに異なるため工夫が必要です。

練習用ファイル ▶ L019_数値の累計.xlsx

使用例 累計売り上げを求める   セルC3の式

$$=SUM(\$B\$3:B3)$$

1 SUM関数で累計売り上げを求める

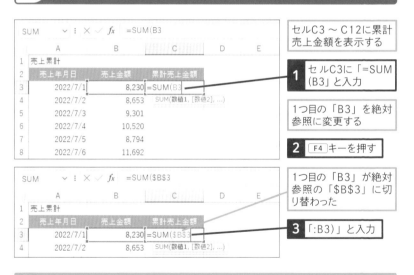

セルC3 ～ C12に累計売上金額を表示する

1 セルC3に「=SUM(B3」と入力

1つ目の「B3」を絶対参照に変更する

2 F4 キーを押す

1つ目の「B3」が絶対参照の「$B$3」に切り替わった

3 「:B3)」と入力

💬 用語解説

累計売り上げ

日々の売り上げを管理する集計表では、日付ごとに売り上げを足した「累計売上金額」を表示することがあります。例えば、1週間や1カ月の売上目標に対し、到達までの過程を日々の累計で確認できます。

● SUM関数をコピーする

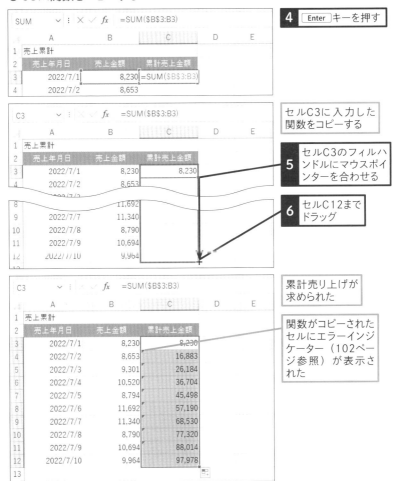

4 Enter キーを押す

セルC3に入力した関数をコピーする

5 セルC3のフィルハンドルにマウスポインターを合わせる

6 セルC12までドラッグ

累計売り上げが求められた

関数がコピーされたセルにエラーインジケーター（102ページ参照）が表示された

使いこなしのヒント

徐々に広がるセル範囲を設定できる

日付ごとの累計は、引数が以下のように行ごとに異なります。
7/1は「=SUM(B3:B3)」
7/2は「=SUM(B3:B4)」
7/3は「=SUM(B3:B5)」

どの行でも引数のセル範囲の先頭は「B3」なので絶対参照の「$B$3」にします。先頭だけ固定することで徐々に広がるセル範囲にすることができます。

20 複数シートの合計を求めるには

3D集計

動画で見る

異なるワークシート間でも同じ位置のセルなら串刺し合計ができます。別々のワークシートにある表をSUM関数で合計して、1つのワークシートにまとめてみましょう。

練習用ファイル ▶ L020_3D集計.xlsx

使用例 3D集計で各店舗の売上合計を求める　　セルB3の式

=SUM(銀座店：新宿店!B3)

1 複数のシートをまたいで合計する

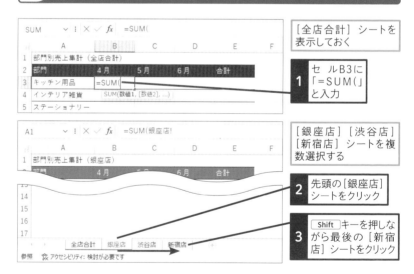

[全店合計] シートを表示しておく

1 セルB3に「=SUM(」と入力

[銀座店] [渋谷店] [新宿店] シートを複数選択する

2 先頭の[銀座店]シートをクリック

3 Shift キーを押しながら最後の [新宿店] シートをクリック

使いこなしのヒント

3D集計に必要な条件とは

3D集計は、同じ位置のセルを串で刺すように指定します。したがって、同じ位置に同じ項目のデータがあるワークシートを用意する必要があります。

● 選択したワークシートのセルを指定する

[銀座店] シートから
[新宿店] シートま
でが選択された

4 セルB3をクリック

[銀座店] [渋谷店]
[新宿店] シートの
セルB3を指定できた

5 続けて「)」と入力

6 [Enter]キーを押す

[全店合計] シートが
表示された

[銀座店] [渋谷店]
[新宿店] シートの
セルB3の数値を合計
できた

使いこなしのヒント

別のワークシートにあるセルを参照できる

このレッスンで入力する「=SUM(銀座店:
新宿店!B3)」は、[銀座店] から [新宿店]
シートのセルB3を合計するという意味で
す。「:」は連続した複数のワークシート
を指定する記号、「!」はワークシート名

とセルを区切る記号です。

● [渋谷店] シート

部門	4月	5月
キッチン用品	11,776	10,878
インテリア雑貨	8,918	11,282

● [銀座店] シート

部門	4月	5月
キッチン用品	11,849	8,786
インテリア雑貨	11,375	8,908

● [新宿店] シート

部門	4月	5月
キッチン用品	8,178	10,568
インテリア雑貨	11,452	10,644

番号の入力で商品名や金額を表示するには

VLOOKUP

見積書の商品名や単価に間違いは許されません。VLOOKUP関数を使えば、商品コードを入力するだけで、該当する商品名や単価を表示することができ、入力や計算の間違いを減らせます。

検索・行列　　　　　　　　　　　　対応バージョン　365　2021　2019　2016

データを検索して同じ行のデータを取り出す

=**VLOOKUP**(検索値, 範囲, 列番号, 検索方法)
ブイルックアップ

VLOOKUP関数は、別表のデータを検索して表示します。引数［検索値］を別表から探し、その同じ行にあるデータを取り出します。ここでは、見積書の「商品コード」を「商品コード表」から探し、「商品名」と「単価」を取り出します。

引数

検索値	別表で検索したい値を指定します。
範囲	別表のセル範囲を指定します。
列番号	［範囲］の中で表示したい列を左から数えて何列目か指定します。
検索方法	［検索値］を［範囲］から探すときの方法を「TRUE」（省略可）または「FALSE」で指定します。

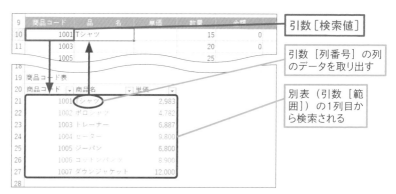

引数［検索値］

引数［列番号］の列のデータを取り出す

別表（引数［範囲］）の1列目から検索される

練習用ファイル ▶ L021_VLOOKUP.xlsx

使用例 **別表の値を取り出す**　　　　　　　　　　　セルB10の式

=VLOOKUP(A10, 商品コード表, 2, FALSE)

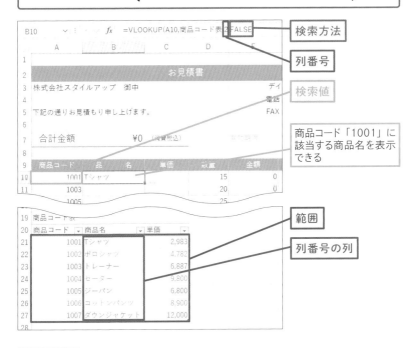

ポイント

検索値	商品コードが入力されるセルA10を指定します。
範囲	別表として用意した「商品コード表」の先頭行（列見出し）を除く範囲を指定します。別表がテーブルの場合、範囲をドラッグして選択するとテーブル名が表示されます。セル番号で指定する場合は、「$A$21:$C$27」のように絶対参照にします。
列番号	ここでは、「商品コード表」の左から2列目の「商品名」を取り出したいので「2」を指定します。
検索方法	商品コードと完全に一致するものを「商品コード表」から探すために「FALSE」を指定します。

次のページに続く➡

使用例 **商品コードから単価を取り出す**　　　　セルC10の式

=VLOOKUP(<u>A10</u>,<u>商品コード表</u>,<u>3</u>,<u>FALSE</u>)

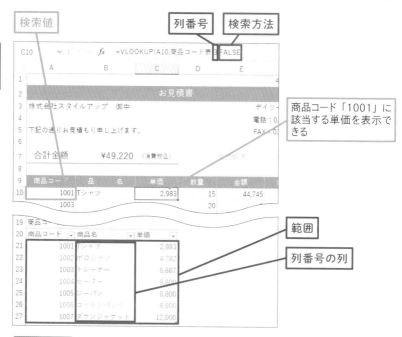

検索値　　　列番号　　検索方法

商品コード「1001」に該当する単価を表示できる

範囲

列番号の列

ポイント

検索値	商品コードが入力されるセルA10を指定します。
範囲	別表として用意した「商品コード表」の先頭行（列見出し）を除く範囲を指定します。別表がテーブルの場合、範囲をドラッグして選択するとテーブル名が表示されます。セル番号で指定する場合は、「$A$21:$C$27」のように絶対参照にします。
列番号	「商品コード表」の左から3列目の「単価」を取り出したいので「3」を指定します。
検索方法	商品コードと完全に一致するものを探すために「FALSE」を指定します。

● 数式をコピーする

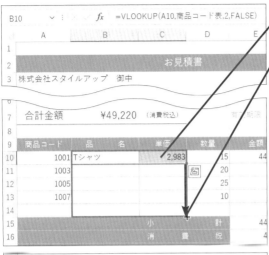

1 セルB10からC10をドラッグして選択

2 フィルハンドルをセルC14までドラッグ

| B10 | ✓ : | *fx* | =VLOOKUP(A10,商品コード表,2,FALSE) |

	A	B	C	D	E
1					
2			お見積書		
3	株式会社スタイルアップ　御中				
7	合計金額	¥49,220	(消費税込)		
8					
9	商品コード	品　　名	単価	数量	金額
10	1001	Tシャツ	2,983	15	44
11	1003			20	
12	1005			25	
13	1007			10	
14					
15			小　　　計		44
16			消　費　税		4

9	商品コード	品　　名	単価	数量	金額
10	1001	Tシャツ	2,983	15	44
11	1003	トレーナー	6,887	20	137
12	1005	ジーパン	6,800	25	170
13	1007	ダウンジャケット	12,000	10	120
14	#N/A	#N/A			#N/A
15			小　　　計		#N/A
16			消　費　税		#N/A

[検索値] であるセルA14に何も入力されていないためエラーが表示される

VLOOKUP関数の結果が影響してエラーが表示される

🔆 使いこなしのヒント

VLOOKUP関数に必要な表のルールを知ろう

VLOOKUP関数は、引数 [範囲] に指定した別表の左端（1列目）から [検索値] を探します。したがって、別表には左端 に [検索値] が含まれていなくてはなりません。なお、別表は別シート、別ファイルであってもかまいません。

🔆 使いこなしのヒント

[検索方法] って何？

引数 [検索方法] には、「FALSE」か「TRUE」を指定します。「FALSE」は、[検索値] と完全に一致するデータを探します。完全一致のデータがない場合、エラー「#N/A」が表示されます。「TRUE」は、[検索値] と完全に一致するデータがなくてもエラーにはならず、[検索値] を超えない近似値を検索します。「TRUE」の使用例はレッスン28を参照してください。

22 エラーを非表示にするには

IFERROR

VLOOKUP関数の引数［検索値］にデータが入力されていないと、エラーが表示されます。エラーを表示させないようここでは、商品コードが入力されていない場合、空白を表示させます。

論理

対応バージョン 365 2021 2019 2016

値がエラーの場合に指定した値を返す

イ フ エ ラ ー
=IFERROR(値, エラーの場合の値)

IFERROR関数は、数式の結果がもしもエラーだったとき、そのときに行う処理を指定できます。**レッスン21**で入力したVLOOKUP関数は、商品コードが入力されれば、商品名や単価を検索しますが、商品コードが未入力の行ではエラーが表示されます。IFERROR関数の引数［値］にVLOOKUP関数を指定し、その結果がエラーのときだけ、空白を表示するようにします。

ポイント

値　　　　　　　　　エラーを判定する値、もしくは数式を指定します。

エラーの場合の値　［値］がエラーのとき表示する値を指定します。

🔗 関連する関数

IF	P.94	XLOOKUP	P.108
VLOOKUP	P.84、100、104		

☀ 使いこなしのヒント

金額のエラーを非表示にする

金額は、単価が表示されないとエラーになります。セルE10の「単価*金額」の数　式もIFERROR関数でエラーを非表示にします。

単価*数量がエラーの場合に
空白を表示する

イ フ エ ラ ー
=IFERROR(C10*D10,"")

練習用ファイル ▶ L022_IFERROR.xlsx

使用例 エラーを非表示にする　　　　　　　　　セルB10の式

=IFERROR(VLOOKUP(A10, 商品コード表, 2, FALSE), "")

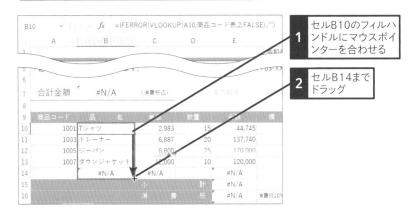

1 セルB10のフィルハンドルにマウスポインターを合わせる

2 セルB14までドラッグ

ポイント

値　　　　　　　　エラーを判定する値としてVLOOKUP関数を指定します。

エラーの場合の値　VLOOKUP関数の結果がエラーだったときには空白を表示したいので、空白を表す「""」を指定します。

セルB14の「#N/A」エラーが非表示になった

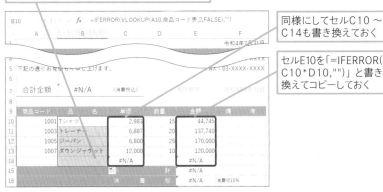

同様にしてセルC10 ～ C14も書き換えておく

セルE10を「=IFERROR(C10*D10, "")」と書き換えてコピーしておく

23 指定した桁数で 四捨五入するには

ROUND

数値を四捨五入するにはROUND関数を使います。桁を指定することができるのが特徴で、ここでは見積書の消費税の小数点以下を四捨五入します。

数学／三角	対応バージョン 365 2021 2019 2016

指定した桁で四捨五入する

ラ ウ ン ド
=ROUND(数値, 桁数)

ROUND関数の引数 [数値] には、対象にしたい数値を指定します。[桁数] には、どの位（くらい）で四捨五入するかを指定しますが、指定方法にはルールがあります（表参照）。小数点以下を四捨五入して整数にする場合は、「0」を指定します。

ポイント

数値 　四捨五入する数値を指定します。

桁数 　四捨五入する桁を指定します。

引数 [桁数] の指定	対象になる位（くらい）	1234.567を 四捨五入した例
-3	100の位	1000
-2	10の位	1200
-1	1の位	1230
0	小数点以下1位	1235
1	小数点以下2位	1234.6
2	小数点以下3位	1234.57

🔗 関連する関数

IF	P.94	XLOOKUP	P.108
VLOOKUP	P.84、100、104		

使用例 **消費税を四捨五入する** セルE16の式

=ROUND(E15*10%, 0)

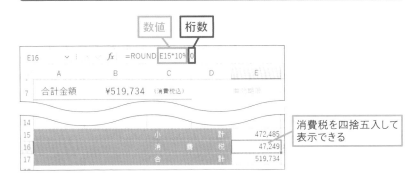

数値　桁数

E16	✓ : ✗ ✓ fx	=ROUND(E15*10% 0		
	A	B	C	D	E
7	合計金額	¥519,734	(消費税込)		

14				
15		小	計	472,485
16		消　費　税		47,249
17		合	計	519,734

消費税を四捨五入して
表示できる

ポイント

数値 消費税を計算する式を指定します。

桁数 小数点以下1位を四捨五入して整数にしたいので「0」を指定します。

💡 使いこなしのヒント

表示形式による四捨五入との違い

セルに［桁区切りスタイル］や［通貨表示形式］などの表示形式を設定すると、小数点以下は自動的に四捨五入され、小数点以下の値がないように見えます。しかし、四捨五入されるのは表示だけで、セルの数値そのものは変わりません。それに対し、ROUND関数では数値そのものを四捨五入します。

💡 使いこなしのヒント

数値の切り上げや切り捨てをするには

切り上げる場合はROUNDUP関数、切り捨てる場合は、ROUNDDOWN関数を使います。引数の指定方法は、ROUND関数と同じです。

指定した桁で切り上げる

ラウンドアップ
=**ROUNDUP**(数値, 桁数)

指定した桁で切り捨てる

ラウンドダウン
=**ROUNDDOWN**(数値, 桁数)

できる 91

24 今日の日付を自動的に表示するには

TODAY

定型書類には作成日を入力するのが普通です。今日の日付を表示するTODAY関数を書類に入力しておけば、自動的に日付を表示させることができます。

基本編 第3章 ビジネスに必須の関数をマスターしよう

日付／時刻

対応バージョン 365 2021 2019 2016

今日の日付を求める

=**TODAY()**
トゥデイ

TODAY関数は、その名の通り「今日の日付」を表示する関数です。表示されるのは、Windowsで管理されている今日の日付です。

TODAY関数の日付は、ブックを開いたり、何らかの機能を実行するたびに更新されます。特定の日付は残せないので、保存が必要な日付には使えません。

引数

TODAY関数には引数がありません。ただし、「()」は省略できません。

🔗 関連する関数

DATE	P.186	DAY	P.187

💡 使いこなしのヒント

TODAY関数に表示される日付とは

TODAY関数で表示されるのは、Windows に設定されている今日の日付です。日付 は、Windowsの通知領域で確認できます。

⚠ ここに注意

TODAY関数の日付は、常に更新されます。ファイルを開いたときや何らかの処理を 実行するたびに更新されるので特定の日付は残せません。

使用例 見積書に今日の日付を記入する

セルF1の式

=TODAY()

今日の日付が求められる

ポイント

TODAY関数には、引数がありません。しかし、関数名TODAYに続けて「()」は必須です。

使いこなしのヒント

現在の日付と時刻をまとめて入力する

TODAY関数では今日の日付だけが表示されますが、NOW関数では、今日の日付と一緒に現在の時刻も表示できます。NOW関数もTODAY関数と同様に、ブックを開いたときなどに自動更新されますが、F9キーを押せば手動でも更新できます。なお、NOW関数は書式が何も設定されていないセルに入力します。日付の書式が設定してあるセルに入力すると、日付しか表示されません。

現在の日付と時刻を求める

ナ ウ
= **NOW()**

現在の日付と時刻が求められる

25 結果を2通りに分けるには

IF

場合によって結果を2通りに分けるにはIF関数を使います。条件を変えることでいろいろな場面に利用できる汎用性の高い関数です。

論理

対応バージョン　365　2021　2019　2016

論理式に当てはまれば真の場合、当てはまらなければ偽の場合を表示する

=IF(論理式, 真の場合, 偽の場合)
イフ

IF関数は、[論理式]で指定した条件を満たしているか、満たしていないかを判別します。引数の[真の場合]に条件を満たしているときに行う処理を、[偽の場合]に条件を満たしていないときに行う処理を指定することで、2通りの結果に振り分けられます。

引数

論理式　　　条件を式で指定します。

真の場合　　[論理式]を満たしている場合（論理式の結果が「TRUE」の場合）に行う処理を指定します。

偽の場合　　[論理式]を満たしていない場合（論理式の結果が「FALSE」の場合）に行う処理を指定します。

🔍 用語解説

論理式

「論理式」は、「A1>10」のようにセルや値を比較演算子でつないだ式です。IF関数などの条件として使用します。論理式の結果は「TRUE」（真）か「FALSE」（偽）のどちらかになります。

🔍 用語解説

論理値

「論理値」は、真（正しい）か偽（正しくない）を表す値です。真を「TRUE」、偽を「FALSE」で表します。論理式やAND　関数などで正しいか正しくないかを判定した結果として表示されます。

練習用ファイル ▶ L025_IF.xlsx

使用例 **60000円を超える場合「達成」を表示する** セルF3の式

=IF(E3>60000,"達成","")

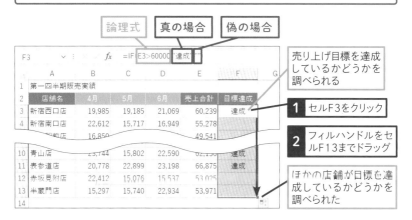

| 論理式 | 真の場合 | 偽の場合 |

F3	∨ : × ✓ fx	=IF(E3>60000,達成,"")			
	A	B	C	D	E	F	G
1	第一四半期販売実績						
2	店舗名	4月	5月	6月	売上合計	目標達成	
3	新宿西口店	19,985	19,185	21,069	60,239	達成	
4	新宿南口店	22,612	15,717	16,949	55,278		
	新宿店	16,850			49,541		
10	青山店	23,744	15,802	22,590	62,136	達成	
11	表参道店	20,778	22,899	23,198	66,875	達成	
12	赤坂見附店	22,412	15,076	15,537	53,025		
13	半蔵門店	15,297	15,740	22,934	53,971		
14							

売り上げ目標を達成
しているかどうかを
調べられる

1 セルF3をクリック

2 フィルハンドルをセ
ルF13までドラッグ

ほかの店舗が目標を達
成しているかどうかを
調べられた

ポイント

論理式 　条件となる「売上金額（E3）が60000より大きい」を論理式
　　　　　「E3>60000」として入力します。

真の場合 　[論理式]を満たしている場合に「達成」の文字が表示される
　　　　　ように「"達成"」を入力します。

偽の場合 　[論理式]を満たしていない場合に空白が表示されるように「""」
　　　　　を入力します。

🔆 使いこなしのヒント

比較演算子を確認しよう

引数［論理式］には、「〜以上」や「〜　その際に使うのが以下の比較演算子です。
と等しい」などの条件を数式で表します。

●比較演算子の種類

比較演算子	比較演算子の意味	条件式の例	比較演算子	比較演算子の意味	条件式の例
=	100に等しい	A1=100	>=	100以上	A1>=100
>	100より大きい	A1>100	<=	100以下	A1<=100
<	100より小さい(未満)	A1<100	<>	100に等しくない	A1<>100

26 結果を3通りに分けるには

ネスト

IF関数は、2通りの結果に振り分けますが、3通りにするにはIF関数を2つ組み合わせます。関数を組み合わせることを「ネスト」といいます。その方法を見てみましょう。

IF関数の引数にIF関数を組み込む

結果を3通りにするには、条件を2つ指定して、条件1に合う場合、条件2に合う場合、どちらにも合わない場合の3通りにします。これを可能にするには、IF関数の引数に、さらにIF関数を指定します。このように関数の引数に関数を組み込むことを「ネスト」といいます。ここでは引数 [偽の場合] にIF関数をネストしてみましょう。

● IF関数で2通りの処理を行う場合

=IF（条件1,条件1に合う場合,条件1に合わない場合）

● IF関数にIF関数をネストして、3通りの処理を行う場合

=IF（条件1,条件1に合う場合,条件1に合わない場合）

ネストする関数 =IF（条件2,条件2に合う場合,条件2に合わない場合）

➜ =IF（条件1,条件1に合う場合, IF（条件2,条件2に合う場合,条件2に合わない場合））

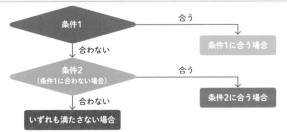

練習用ファイル ▶ L026_ネスト.xlsx

使用例 **売上合計により「A」「B」「C」の3通りの結果を表示する** セルF3の式

=IF(E3>60000, "A", IF(E3>50000,"B","C"))

| | 論理式 | 真の場合 | 偽の場合 |

F3　　　∨ ： 　　　　fx　　=IF(E3>60000,"A",IF(E3>50000,"B","C"))

	A	B	C	D	E	F	G
1	第一四半期販売実績						
2	店舗名	4月	5月	6月	売上合計	売上評価	
3	新宿西口店	19,985	19,185	21,069	60,239	A	
4	新宿南口店	22,612	15,717	16,949	55,278		
5	池袋駅前店	16,850	15,308	17,383	49,541		
6	池袋地下店	14,469	12,320	11,263	38,052		
7	渋谷駅前店	15,017	23,339	15,688	54,044		
8	渋谷公園店	20,573	22,772	21,861	65,206		
9	原宿店	18,848	19,749	21,587	60,184		
10	青山店	23,744	15,802	22,590	62,136		

売上合計が6万円より
大きいとき「A」、5万
円より大きいとき「B」、
いずれも満たしていな
いとき「C」を表示す
る

セルE3の売上合計に
対する評価「A」が表
示された

F3　　　∨ ： 　　　　fx　　=IF(E3>60000,"A",IF(E3>50000,"B","C"))

	A	B	C	D	E	F	
1	第一四半期販売実績						
2	店舗名	4月	5月	6月	売上合計	売上評価	
3	新宿西口店	19,985	19,185	21,069	60,239	A	
4	新宿南口店	22,612	15,717	16,949	55,278	B	
5	池袋駅前店	16,850	15,308	17,383	49,541	C	
6	池袋地下店	14,469	12,320	11,263	38,052	C	
7	渋谷駅前店	15,017	23,339	15,688	54,044	B	
8	渋谷公園店	20,573	22,772	21,861	65,206	A	
9	原宿店	18,848	19,749	21,587	60,184	A	
10	青山店	23,744	15,802	22,590	62,136	A	
11	表参道店	20,778	22,899	23,198	66,875	A	
12	赤坂見附店	22,412	15,076	15,537	53,025	B	
13	半蔵門店	15,297	15,740	22,934	53,971	B	
14							

1 セルF3をクリック

2 フィルハンドルをセ
ルF13までドラッグ

ほかの店舗の評価が
調べられた

使いこなしのヒント

[真の場合] にネストするとしたら

練習用ファイルと同じ結果にする式はほ
かにも考えられます。[真の場合] にIF関
数をネストする構造にするなら、「=IF(E3
>50000,IF(E3>60000,"A","B"),"C")」でも

いいでしょう。5万円より大きいとき、そ
の中で6万円より大きいものを「A」、そ
うでないものを「B」、どちらにも当ては
まらないものを「C」とします。

27 結果を複数通りに分けるには

IFS

レッスン26と同じことはIFS関数でもできます。評価結果を何通りにも場合分けするときに、IF関数をネストするよりも式を短く、効率的に記述できます。

論理　　　　　　　　　　対応バージョン 365 2021 2019 2016

論理式に当てはまれば、対応する真の場合を表示する

イフエス
=**IFS**(論理式1, 真の場合1, 論理式2, 真の場合2, …, 論理式127, 真の場合127)

IFS関数は、複数の条件による場合分けを行う関数です。条件は［論理式1］～［論理式127］まで指定することができ、それぞれの条件を満たしたときに実行したい処理を［真の場合1］～［真の場合127］に指定します。ここでは、レッスン26と同じように、「売上合計」が6万円より大きい場合にA、5万円より大きい場合にB、0円以上にCを表示します。

引数

論理式 1 ～ 127　　　　条件を式で指定します。

真の場合 1 ～ 127　　　［論理式1 ～ 127］を満たしている場合に行う処理を
　　　　　　　　　　　　それぞれ指定します。

使いこなしのヒント

どの条件も満たしていないときの処理を指定するには

どの［論理式］も満たしていないときの　　式］に「TRUE」を指定し、そのすぐ後に
処理を指定したいときは、最後の［論理　　実行したい処理を指定します。

「売上金額>60000」はA、「売上金額>50000」はB、
いずれも満たしていないときCを表示する（セルF3の式）

イフエス
=**IFS**(E3>60000,"A",E3>50000,"B",TRUE,"C")

練習用ファイル ▸ L027_IFS.xlsx

使用例 **売上合計により「A」「B」「C」の3通りの結果を表示する** セルF3の式

=**IFS**(E3>60000, "A", E3>50000, "B", E3>=0, "C")

論理式1　真の場合1　論理式2　真の場合2　論理式3

真の場合3

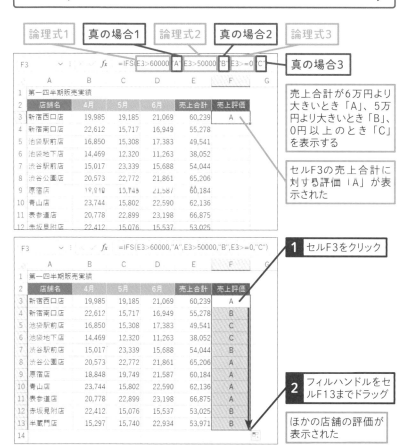

F3			fx	=IFS(E3>60000,"A",E3>50000,"B",E3>=0,"C")		
	A	B	C	D	E	F	G
1	第一四半期販売実績						
2	店舗名	4月	5月	6月	売上合計	売上評価	
3	新宿西口店	19,985	19,185	21,069	60,239	A	
4	新宿南口店	22,612	15,717	16,949	55,278		
5	池袋駅前店	16,850	15,308	17,383	49,541		
6	池袋地下店	14,469	12,320	11,263	38,052		
7	渋谷駅前店	15,017	23,339	15,688	54,044		
8	渋谷公園店	20,573	22,772	21,861	65,206		
9	原宿店	19,810	15,745	21,587	60,184		
10	青山店	23,744	15,802	22,590	62,136		
11	表参道店	20,778	22,899	23,198	66,875		
12	赤坂見附店	22,412	15,076	15,537	53,025		

売上合計が6万円より大きいとき「A」、5万円より大きいとき「B」、0円以上のとき「C」を表示する

セルF3の売上合計に対する評価「A」が表示された

F3			fx	=IFS(E3>60000,"A",E3>50000,"B",E3>=0,"C")		
	A	B	C	D	E	F	G
1	第一四半期販売実績						
2	店舗名	4月	5月	6月	売上合計	売上評価	
3	新宿西口店	19,985	19,185	21,069	60,239	A	
4	新宿南口店	22,612	15,717	16,949	55,278	B	
5	池袋駅前店	16,850	15,308	17,383	49,541	C	
6	池袋地下店	14,469	12,320	11,263	38,052	C	
7	渋谷駅前店	15,017	23,339	15,688	54,044	B	
8	渋谷公園店	20,573	22,772	21,861	65,206	A	
9	原宿店	18,848	19,749	21,587	60,184	A	
10	青山店	23,744	15,802	22,590	62,136	A	
11	表参道店	20,778	22,899	23,198	66,875	A	
12	赤坂見附店	22,412	15,076	15,537	53,025	B	
13	半蔵門店	15,297	15,740	22,934	53,971	B	
14							

1 セルF3をクリック

2 フィルハンドルをセルF13までドラッグ

ほかの店舗の評価が表示された

使いこなしのヒント

条件が多く式が長くなる場合は

[論理式]、[真の場合]は127個まで指定できますが、あまり式が長くなると、入力ミスが多くなり、後で修正するのも大変です。条件が多い場合に分かりやすい式にするには、レッスン28のVLOOKUP関数を使う方法も考えてみましょう。

28 複数の結果を別表から参照するには

VLOOKUP

複数通りの場合分けには、IF関数やIFS関数を利用することができますが、場合分けの数が多い場合は、別の表から条件に合うデータを取り出すVLOOKUP関数を利用する方が簡単です。

検索・行列　　　　　　　　　　　　対応バージョン 365 2021 2019 2016

データを検索して同じ行のデータを取り出す

ブイルックアップ
=VLOOKUP(検索値, 範囲, 列番号, 検索方法)

ここでは、「売上金額」を別表の4通りの「基準値」から探し、「ランク」を取り出して表示します。例えば、「売上金額」が「55,278」の場合、該当するのは「50000以上」を基準とした「B」のランクとなります。このように数値がどの範囲にあるかを検索するには、VLOOKUP関数の引数[検索方法]を「TRUE」にするのがポイントです。なお、[検索方法]に「FALSE」を指定するVLOOKUP関数の使い方は、**レッスン21**を参照してください。

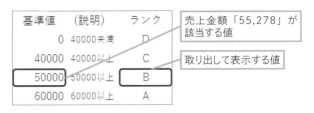

基準値	（説明）	ランク
0	40000未満	D
40000	40000以上	C
50000	50000以上	B
60000	60000以上	A

売上金額「55,278」が該当する値

取り出して表示する値

引数

検索値	別表で検索したい値を指定します。
範囲	別表のセル範囲。範囲の一番左の列から「検索値」が検索されます。
列番号	[範囲] の中の表示したい列を指定します。
検索方法	[検索値] を [範囲] から探すときの方法を「TRUE」（省略可）または「FALSE」で指定します。なお、「TRUE」を指定する場合、引数 [範囲] の検索値は昇順に並べておく必要があります。

練習用ファイル ▶ L028_VLOOKUP.xlsx

使用例 売上金額により「A」「B」「C」「D」の4通りの結果を表示する セルF3の式

=VLOOKUP(E3, $H$3:$J$6, 3, TRUE)

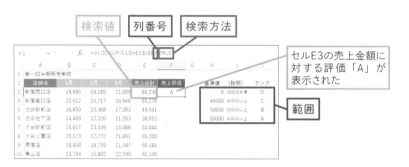

検索値　列番号　検索方法

セルE3の売上金額に
対する評価「A」が
表示された

範囲

ポイント

検索値　「売上金額」が別表のどのランク当てはまるかを調べるために
　　　　セルE3を指定します。

範囲　　別表に用意した「基準値」とそれに対応する「ランク」の範囲
　　　　「H3:J6」を絶対参照で指定します。

列番号　別表の左端の列から数えて取り出したい「ランク」は3列目に
　　　　当たるので「3」を指定します。

検索方法　[検索値] を超えない近似値を検索するために「TRUE」を指定
　　　　します。

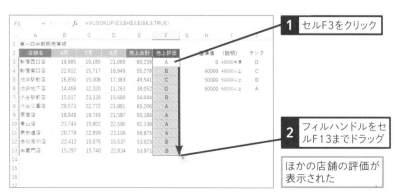

1　セルF3をクリック

2　フィルハンドルをセ
　　ルF13までドラッグ

ほかの店舗の評価が
表示された

スキルアップ

セルの左上に表示される緑色の三角形は何?

関数を入力したセルに緑色の三角マーク「エラーインジケーター」が表示されることがあります（**レッスン19**参照）。これは、関数や数式が隣接したセルを参照していない場合「引数のセル参照が間違っているのではないか」と警告するものです。参照は間違っていないので、そのままにしておいて問題はありません。しかし、エラーインジケーターが煩わしいときは、非表示にするといいでしょう。以下の手順はセルC4での操作ですが、セルC4 〜 C11を選択して操作しても構いません。

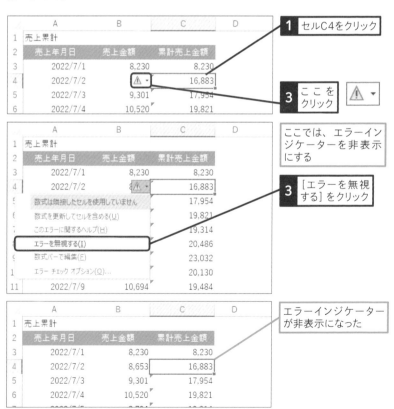

1 セルC4をクリック

3 ここを クリック

ここでは、エラーインジケーターを非表示にする

3 [エラーを無視する] をクリック

エラーインジケーターが非表示になった

活用編

第4章

データを
参照・抽出する

この章では、用意された表からデータを取り出すなどの
「参照する関数」、条件を指定して条件に一致するデー
タを取り出す「抽出する関数」を紹介します。目的のデー
タを取り出すために必要な関数です。

29 別表のデータを参照表示するには

VLOOKUP

決められたデータを表示する場合は、作業を簡単にするために、また、入力ミスを防ぐために参照表示するのが基本です。VLOOKUP関数は、あらかじめ用意した表からデータを取り出すことができます。

練習用ファイル ▶ L029_VLOOKUP.xlsx

使用例 No.に対応する「商品コード」を取り出す　　セルC3の式

=VLOOKUP(B3, $B$15:$D$22, 2, FALSE)

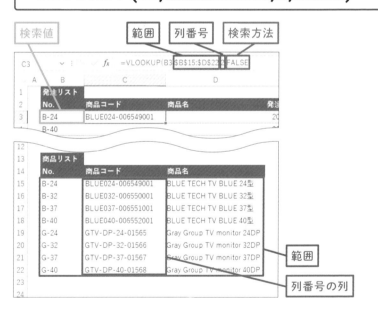

検索値　　範囲　　列番号　　検索方法

範囲

列番号の列

🔗 関連する関数

CHOOSE	P.116	OFFSET	P.114
INDEX	P.112	XLOOKUP	P.108
MATCH	P.110		

ポイント

検索値	「発注リスト」の「No.」が入力されるセルB3を指定します。
範囲	別表として用意した「商品リスト」の先頭行（列見出し）を除く範囲を指定します。別表がテーブルの場合、範囲をドラッグして選択するとテーブルの名前が表示されます。セル番号で範囲を指定する場合は、「$B$15:$D$22」のように絶対参照にします。
列番号	ここでは、「商品リスト」の左から2列目の「商品コード」を取り出したいので「2」を指定します。
検索方法	検索値のNo.と完全に一致するものを「商品リスト」から探すために「FALSE」を指定します。

D3			fx	=VLOOKUP(B3,$B$15:$D$22,3,FALSE)

	A	B	C	D
1		発注リスト		
2		No.	商品コード	商品名
3		B-24	BLUE024-006549001	BLUE TECH TV BLUE 24型
4		B-40		

1 セルD3に「=VLOOKUP(B3,$B$15:$D$22,3,FALSE)」と入力

	A	B	C	D
1		発注リスト		
2		No.	商品コード	商品名
3		B-24	BLUE024-006549001	BLUE TECH TV BLUE 24型
4		B-40	BLUE040-006552001	BLUE TECH TV BLUE 40型
5		G-32	GTV-DP-32-01566	Gray Group TV monitor 32DP
6		B-32	BLUE032-006550001	BLUE TECH TV BLUE 32型
7		G-40	GTV-DP-40-01568	Gray Group TV monitor 40DP
8			#N/A	#N/A
9			#N/A	#N/A
10			#N/A	#N/A
11				

レッスン05を参考に関数式をコピーしておく

[検索値]であるセルB8～セルB10に何も入力されていないため、エラーが表示される

使いこなしのヒント

VLOOKUP関数の書式

VLOOKUP関数の引数には、何をキーにどこから検索しどのデータを取り出すかを指定します。関数を入力する以前に取り出したいデータをまとめた表を用意しておく必要があります。詳しくはレッスン21を確認してください。

データを検索して同じ行のデータを取り出す

ブイルックアップ
=**VLOOKUP**(検索値, 範囲, 列番号, 検索方法)

活用編 第4章 データを参照・抽出する

表から目的のデータを探すのはVLOOKUP関数です。複数の表から用途に応じてデータを探したいときは、INDIRECT関数を組み合わせましょう。

検索・行列　　　　　　　　　　　　　　　対応バージョン 365 2021 2019 2016

文字列をセル参照や範囲の代わりにする

インダイレクト
=INDIRECT(参照文字列,参照形式)

INDIRECT関数は、文字列をセル参照や範囲名に変換して、数式に利用できるようにします。INDIRECT関数を使うと、特定のセル範囲を文字列で指定できるようになりますが、ほかの関数と組み合わせて使うことで機能を発揮します。ここでは、別表からデータを探すVLOOKUP関数と組み合わせます。

引数

参照文字列　文字列が入力されたセルを指定します。

参照形式　　[参照文字列]に指定したセルの表記が「A1形式」のとき「TRUE」を指定（省略可）し、「R1C1形式」のとき「FALSE」を指定します。

VLOOKUP関数は、引数[範囲]にデータを検索するセル範囲を指定しますが、セル範囲に「名前」が付いていれば、その名前を指定することができます。ここでは、A列に入力された文字をINDIRECT関数で変換し、セル範囲の「名前」として利用します。

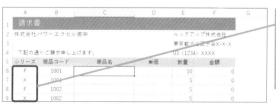

[シリーズ]列に「F」が入力されたときは[F]のセル範囲、「X」が入力されたときは[X]のセル範囲から探す

練習用ファイル ▶ L030_INDIRECT.xlsx

INDIRECT

使用例 セル参照に応じて検索範囲を切り替える

セルC6の式

=VLOOKUP(B6, INDIRECT(A6),2,FALSE)

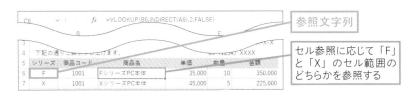

参照文字列

セル参照に応じて「F」と「X」のセル範囲のどちらかを参照する

ポイント

参照文字列　請求書の［シリーズ］列のセルA6を指定します。［シリーズ］列に入力した文字列（FまたはX）と同じ名前の表がVLOOKUP関数の引数［範囲］となります。

参照形式　省略します。

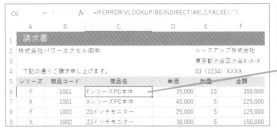

「#N/A」エラーが出た場合などに空白が表示されるようにしておく

数式を「=IFERROR(VLOOKUP(B6,INDIRECT(A6),2,FALSE),"")」に修正してセルC7〜C11にコピーする

使いこなしのヒント

セル範囲に名前を付けるには

範囲に「名前」を付けるには、セル範囲を選択した後、名前ボックスに名前を入力し、Enter キーを押します。ここでは、VLOOKUP関数でデータを探す表に、請求書の「シリーズ」と同じ「F」、「X」の名前を付けてあります。

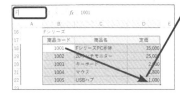

1 セルB18〜D22をドラッグして選択

2 名前ボックスに「F」と入力

3 Enter キーを押す

できる 107

指定した範囲のデータを参照表示するには

XLOOKUP

XLOOKUP関数は、VLOOKUP関数と同じく別の表からデータを参照します。VLOOKUP関数に比べ引数の指定が簡単で使いやすくなった新しい関数です。

検索・行列　　　　　　　　　　　　　　対応バージョン 365 2021 2019 2016

指定したセル範囲からデータを取り出す

エックスルックアップ
=XLOOKUP(検索値, 検索範囲, 戻り範囲, 見つからない場合, 一致モード, 検索モード**)**

XLOOKUP関数は、あらかじめ用意したデータから引数 [検索値] を探し、同じ行のデータを取り出します。検索値を「探す範囲」と「取り出したいデータの範囲」の2つの範囲を指定します。検索値がない場合の処理も引数に指定します。

引数

検索値	別表で検索したい値を指定します。
検索範囲	別表の「検索値」を探す列の範囲を指定します。
戻り範囲	別表の取り出したい列の範囲を指定します。
見つからない場合	「検索値」が「検索範囲」にない場合の処理を指定します。
一致モード	「検索値」を「検索範囲」から探すときの方法を「0」「-1」「1」「2」で指定します。
検索モード	検索する方向を「1」「-1」「2」「-2」で指定します。

● [一致モード] の指定値と検索方法

0	完全に一致するデータを探す		文字列を代用するワイルドカード(?や*)でデータを探す
-1	完全に一致するデータがない場合、次に小さいデータを探す	2	例:「検索値」を「B*」として先頭にBの付く最初のデータを探す場合に指定
1	完全に一致するデータがない場合、次に大きいデータを探す		

使用例 **商品名から商品コードを取り出す**　　　セルC5の式

=XLOOKUP(B5, $C$14:$C$20, $B$14:$B$20,"")

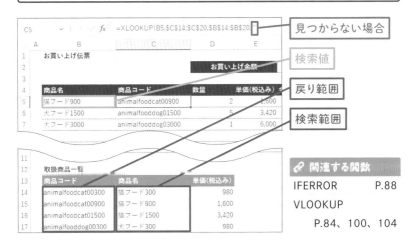

見つからない場合

検索値

戻り範囲

検索範囲

✐ 関連する関数

IFERROR　　P.88

VLOOKUP

　　P.84、100、104

ポイント

検索値	「お買い上げ伝票」の「商品名」が入力されるセルB5を指定します。
検索範囲	引数「検索値」の商品名を探す範囲を指定します。ここでは、別表として用意した「取扱商品一覧」の「商品名」の列の範囲（先頭の項目名を除く）を指定します。
戻り範囲	「お買い上げ伝票」に表示したい「商品コード」の列の範囲（先頭の項目名を除く）を指定します。
見つからない場合	「取扱商品一覧」に一致する商品名がない場合は、空白を表示させるため空白を表す「""」を入力します。

● [検索モード]の指定値と検索方法

1	先頭からデータを検索する
-1	末尾からデータを検索する
2	昇順で並べ替えられた検索範囲を検索する。並べ替えられていない場合無効

-2	降順で並べ替えられた検索範囲を検索する。並べ替えられていない場合無効

32 データが何番目にあるかを調べるには

MATCH

順番にデータが並んでいて、目的のデータが何番目にあるかを調べるときにMATCH関数を使います。何番目かを調べるだけなので、よくほかの関数と組み合わせて使われます（**レッスン37**参照）。

検索・行列

対応バージョン 365 2021 2019 2016

検査範囲内での検査値の位置を求める

=MATCH(検査値, 検査範囲, 照合の種類)
マ ッ チ

MATCH関数は指定した［検査値］が［検査範囲］の何番目のセルにあるかを表示します。例えば、列や行に10、20、30、40の値があるとき、「20」の位置をMATCH関数で調べると結果は「2」となり、2番目にあると分かります。ここでは、都道府県名が何番目にあるかを調べ、都道府県コード（JISコードによって割り当てられた01 ～ 47の番号）を求めます。

引数

検査値	位置を調べたい値を指定します。
検査範囲	何番目にあるか調べたいセル範囲を指定します。
照合の種類	「0」、「1」（省略可）、「-1」のいずれかを指定します。

● ［照合の種類］の指定値

入力する値	検索方法
1または省略	［検査値］以下の最大値を検索する
0	［検査値］に一致する値のみを検索する
-1	［検査値］以上の最小値を検索する

🔗 関連する関数

CHOOSE　　　　　　　　　　P.116　　XLOOKUP　　　　　　　　　　P.108

💡 使いこなしのヒント

完全一致以外での照合はデータを並べ替える

引数［照合の種類］に、「1」を指定する場合は［検査範囲］の値を昇順に並べておく必要があります。「-1」を指定する場合は、降順に並べます。

使用例 **都道府県名が何番目にあるかを調べる**　　セルC4の式

=MATCH(B4, B7:B53, 0)

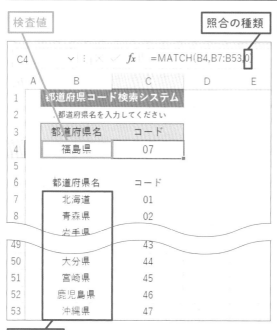

検査値

照合の種類

検査範囲

ポイント

検査値	「都道府県名」が入力されるセルB4を指定します。
検査範囲	都道府県名がすべて入力してある範囲を指定します。都道府県名は都道府県コードの順に入力してあります。
照合の種類	セルB4に入力した都道府県名と完全に一致するものが何番目にあるか探すため「0」を指定します。

💡 使いこなしのヒント

先頭に「0」を付けて数値を2桁で表示する

都道府県コードは01 ～ 47の2桁の数値と決まっています。MATCH関数の結果をそのまま都道府県コードとみなすためには2桁の表示にする必要があります。先頭に「0」を付けて表示するには、表示形式を以下のように設定します。

1 [Ctrl]+[1]キーを押す

2 [表示形式]タブをクリック

3 [ユーザー定義]をクリック

4 [種類]に「00」と入力し、[OK]をクリック

33 行と列を指定して データを探すには

INDEX

データが縦横に並ぶ範囲の中で何行目、何列目と指定して取り出したい場合に INDEX関数を使います。ここでは、MATCH関数（**レッスン32参照**）の結果 をINDEX関数に利用します。

検索・行列　　　　　　　　　　　　　　　対応バージョン 365 2021 2019 2016

参照の中で行と列で指定した位置の値を求める

インデックス
=**INDEX**(参照,行番号,列番号)

INDEX関数は、[参照]の中から指定した[行番号]と[列番号]が交差す るセルの値を取り出します。例えば、セル範囲の2行目、3列目のセルを取り出 すといったことができます。ここでは、あらかじめMATCH関数により求めた行 番号、列番号をINDEX関数の引数に利用します。

引数

参照　　値を探す範囲を指定します。

行番号　[参照]の範囲の先頭行から数えた行番号を指定します。

列番号　[参照]の範囲の先頭列から数えた列番号を指定します。

使いこなしのヒント

あらかじめ[行番号]と[列番号]を調べておく

練習用ファイルは、アイテム（セルC3）と素材（セルC4）を入力すると、該当する金額が取り出されるようになっています。そのため、入力されたデータが価格表の何番目にあたるかをMATCH関数で調べています。なお、MATCH関数とINDEX関数を組み合わせた例はレッスン37で紹介します。

🔗 関連する関数

CHOOSE	P.116	VLOOKUP	P.84、100、104
OFFSET	P.114	XLOOKUP	P.108

使用例 **アイテムと素材から価格を取り出す**　　　　セルC5の式

=INDEX(D9:F12, D3, D4)

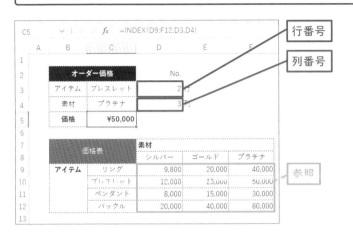

ポイント

参照	価格表の金額が入力されているセル範囲 (D9:F12) を指定します。
行番号	価格表の範囲の上から数えて何行目にあたるかを示すセルD3 (ここではMATCH関数で求めています) を指定します。
列番号	価格表の範囲の左から数えて何列目にあたるかを示すセルD4 (ここではMATCH関数で求めています) を指定します。

使いこなしのヒント

MATCH関数で行番号と列番号を調べるには

セルC3、C4の入力でセルD3、D4に価格
表の行番号、列番号が表示されるのは、
MATCH関数によるものです。MATCH関
数は、指定したデータが範囲の中で何番
目かを調べる関数です (レッスン32参
照)。ここでは、右の式が入力済みです。

セルD3の式
　　マッチ
=MATCH(C3, C9:C12, 0)

セルD4の式
　　マッチ
=MATCH(C4, D8:F8, 0)

34 行数と列数で指定して データを取り出すには

OFFSET

OFFSET関数は、基準となるセルから上下左右に移動したところのデータを取り出せます。移動する行数や列数が場合によって変化する事例に利用します。

検索・行列	対応バージョン 365 2021 2019 2016

行と列で指定したセルのセル参照を求める

オフセット
=**OFFSET**(参照, 行数, 列数, 高さ, 幅)

OFFSET関数では、基準となるセルを指定し、そこから○行目、○列目のセルの内容を表示できます。引数は[参照][行数][列数]を使います。また、引数[参照][高さ][幅]を使えばセル範囲の大きさを指定できます。

引数

参照 基準にするセルかセル範囲を指定します。

行数 [参照]に指定したセルから上下に移動する行数を指定します。正の整数で下方向を、負の整数で上方向を指定できます。

列数 [参照]に指定したセルから左右に移動する列数を指定します。正の整数で右方向を、負の整数で左方向を指定できます。

高さ セル範囲を指定する場合の行数を指定します。

幅 セル範囲を指定する場合の列数を指定します。

● OFFSET関数で指定する引数の例

=**OFFSET**(A1, 2, 3)

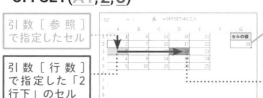

引数[参照]
で指定したセル

引数[行数]
で指定した「2
行下」のセル

セルA1を基点として、2
行下、3列右のセル（セ
ルD3）が求められる

引数[列数]で指定
した「3列右」のセル

【使用例】 **データの最終入力日を求める**　　　セルB3の式

=OFFSET(<u>A5</u>, <u>B2</u>, <u>0</u>)

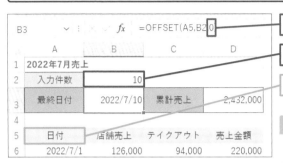

ポイント

参照	「日付」列の最下行を表示するために「日付」列の列見出しのセルA5を基準のセルに指定します。
行数	基準のセルから移動する行数は、COUNT関数で数えたデータ件数セルB2を指定します。
列数	基準のセルから移動する列数は、ここでは移動しないので「0」を指定します。
高さ	省略します。
幅	省略します。

☀ 使いこなしのヒント

COUNT関数でデータを数える

練習用ファイルでは、A列の一番下に新しい日付が入力されると、セルB2（COUNT関数）の入力件数が増えます。COUNT関数はそれをOFFSET関数の行数にしています。COUNT関数の範囲はデータが増える（最大7/31まで）ことを想定してA6:A36に指定しています。

☀ 使いこなしのヒント

OFFSET関数でセル範囲を指定するときは

OFFSET関数の引数［高さ］と［幅］を指定すると、セル範囲を表せます。単独で使用しても結果には意味がないので、ほかの関数の引数に利用します。以下の数式は、SUM関数の範囲をOFFSET関数で指定した例です。セルD6を始点にしてセルB2の件数分の範囲が合計されます。

OFFSET関数で指定した範囲の合計を求める（セルD3の式）
　サ ム　オフセット
=SUM(OFFSET(<u>D6</u>, <u>0</u>, <u>0</u>, <u>B2</u>, <u>1</u>))

35 番号の入力で引数のデータを 表示するには

CHOOSE

複数のデータを引数に指定し、その○番目を表示するのがCHOOSE関数です。いくつかのデータから単純に○番目を取り出して表示します。

検索・行列　　　　　　　　　　　　　　　対応バージョン　365　2021　2019　2016

引数のリストから値を選ぶ

$$=\text{CHOOSE}(インデックス, 値1, 値2, \cdots, 値254)$$

CHOOSE関数は、引数に指定した［値1］、［値2］……の複数のデータから、○番目のデータを表示します。○番目は、引数［インデックス］で指定します。ここでは引数［インデックス］に指定する番号1 ～ 4を「部署番号」として入力させ、該当する［値1］ ～ ［値4］の部署名を表示します。

引数

| インデックス | 何番目のデータを取り出すかを指定します。 |
| 値 | データを「,」で区切って指定します。 |

●引数［値］に入力できるもの
引数［値］には、数値、文字列、セル参照、数式を指定できます。この中で文字列に関しては「"」でくくる必要があります。

引数［値］の データ種類	関数の使用例	結果
数値	=CHOOSE(2,10,20,30)	20
文字列	=CHOOSE(2,"東京","大阪","名古屋")	大阪
セル参照	=CHOOSE(2,A1,B1,C1)	（セルB1の値が表示される）
数式	=CHOOSE(2,1+1,10+10,100+100)	20

練習用ファイル ▶ L035_CHOOSE.xlsx

使用例 インデックスに応じて部署名を表示する　セルB4の式

=CHOOSE(B3,"総務部","営業部","開発部","広報宣伝部")

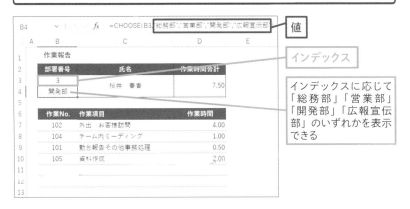

インデックスに応じて「総務部」「営業部」「開発部」「広報宣伝部」のいずれかを表示できる

ポイント

インデックス	部署番号が入力されるセルB3を指定します。
値	「総務部」「営業部」「開発部」「広報宣伝部」を「"」でくくり、「,」で区切って指定します。

☀ 使いこなしのヒント

引数「値」のデータをセルに入力しておくこともできる

引数[値]の個数が多くなると、数式が長くなり、理解しにくくなります。そのような場合は、[値]に指定するデータをセルに入力し、そのセルを数式に指定します。

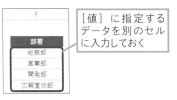

[値]に指定するデータを別のセルに入力しておく

引数[値]にはセルを指定してもいい

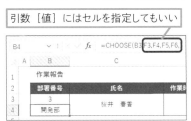

できる 117

36 指定した順位の値を取り出すには

LARGE

LARGE関数を使えば、1番目に多い値、2番目に多い値……というように指定の順位で数値を取り出せます。1位から5位までの売上金額を求めてみましょう。

統計　　　　　　　　　　　　対応バージョン　365　2021　2019　2016

○番目に大きい値を求める

ラ　ー　ジ
=**LARGE**(配列, 順位)

LARGE関数は、範囲内の大きい方から数えた○番目の値を表示します。引数[順位]には、表示したい順位を指定しますが、「1」と指定した場合は、1番目に大きい値が表示されます。ここでは、引数[順位]に順位が入力されたセルを指定します。そうすることで、同じ数式をコピーできます。

引数

配列　順位を調べる数値のセル範囲か配列を指定します。

順位　表示したい順位を指定します。

ここに入力した数字を引数[順位]に利用する

=LARGE($D$3:$D$11,F3)					
	C	D	E	F	G
	インテリア部門	売上合計		ランキング	売上金額
3,837	39,488	53,325		1	89,710
9,355	37,148	46,503		2	63,998
1,794	67,916	89,710		3	54,176
3,342	35,834	54,176		4	53,325
1,407	35,676	47,083		5	48,002
1,804	24,290	36,094			
3,015	34,987	48,002			

🔗 関連する関数

MAX	P.78	RANK.EQ	P.196
RANK.AVG	P.197		

使用例 **各店舗の売上合計からトップ5の金額を取り出す** セルG3の式

=LARGE($D$3:$D$11, F3)

	A	B	C	D	E	F	G
1	店舗別売上						配列
2	店舗	雑貨部門	インテリア部門	売上合計		ランキング	売上金額
3	横浜店	13,837	39,488	53,325		1	89,710
4	御殿場店	9,355	37,148	46,503		2	63,998
5	名古屋店	21,794	67,916	89,710		3	54,176
6	京都店	18,342	35,834	54,176		4	53,325
7	大阪店	11,407	35,676	47,083		5	48,002
8	岡山店	11,804	24,290	36,094			
9	広島店	13,015	34,987	48,002			
10	福岡店	11,987	31,813	43,800			
11	中洲店	14,111	49,887	63,998			
12							

順位 / 順位に応じた売上合計が取り出される

ポイント

配列 すべての店舗から売り上げトップ5の金額を取り出すので、[売上合計] 列のセル範囲 (D3:D11) を指定します。絶対参照にすることで、セルG3に入力した式を下方向にコピーできます。

順位 表示したい順位が入力してあるセルF3を指定します。「F3」の相対参照のままにしておきます。コピーしたときコピー先の行に合わせて変化します。

使いこなしのヒント

ワースト5の金額を取り出す

LARGE関数は大きい方から数えた値を表示しますが、逆に小さい方から数えた値を表示する場合は、SMALL関数を使いましょう。トップ5の表に入力したLARGE関数をSMALL関数に変えれば、ワースト5の表になります。

○番目に小さい値を求める

スモール
=SMALL(配列, 順位)

F	G
ワーストランキング	売上金額
1	36,094
2	43,800
3	46,503
4	47,083
5	48,002

トップ5と同じ要領でワースト5を求められる

ポイント

配列 順位を調べる数値のセル範囲、または配列を指定します。

順位 表示したい順位を指定します。

複数行、複数列のセル範囲から○行目○列目を取り出す場合、INDEX関数を使いますが、○行目、○列目を求めるにはMATCH関数です。このように、INDEX関数とMATCH関数はよく組み合わせて使われます。

練習用ファイル ▶ L037_MATCH、INDEX.xlsx

使用例 列と行の発/着場所から交通費を求める　　セルD4の式

=**INDEX(**$H$4:$L$8, **MATCH(**B4, $G$4:$G$8, 0**)**, **MATCH(**C4, $H$3:$L$3, 0**))**

行番号　　列番号

発着場所のデータから求められた交通費が表示される

配列

ポイント

配列　交通費運賃が用意されているセル範囲（H4:L8）を絶対参照で指定します。

行番号　セルB4に入力された文字列がセルG4 ～ G8の中で何番目になるかをMATCH関数で求めます。

列番号　セルC4に入力された文字列がセルH3 ～ L3の中で何番目になるかをMATCH関数で求めます。

🔗 関連する関数

CHOOSE　　　　　　　P.116　　OFFSET　　　　　　　P.114

● IFERROR関数でエラーを非表示にする

1 入力済みの式を「=IFERROR(INDEX($H$4:$L$8,MATCH(B4,$G$4:$G$8,0),MATCH(C4,$G$4:$G$8,0)),"")」に修正

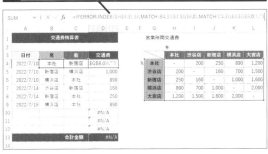

**INDEX関数の引数を
MATCH関数で求める**

INDEX関数は、範囲の何行目、何列目かをとりだしますが、何行目、何列目かは、MATCH関数（レッスン32参照）で求めます。1つの式ですむように、ここではINDEX関数の引数［行番号］、［列番号］にMATCH関数を指定します。

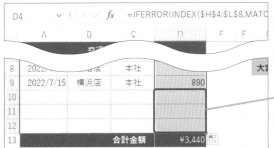

レッスン05を参考に、セルD4の関数式をセルD12までコピーしておく

［発］列と［着］列にデータが入力されていなくてもエラーが非表示になった

リストから値を入力できるようにするには

［発］列と［着］列に入力する「本社」や「新宿店」などのデータは、運賃表に含まれるものでなくてはなりません。このレッスンの練習用ファイルでは、入力ミスを防ぐためにセルG4～G8のデータをリストから選択できるようにしてあります。リストは［データの入力規則］（📋）で設定します。

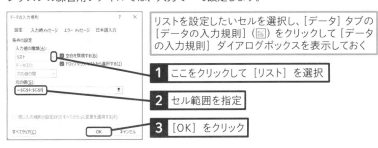

リストを設定したいセルを選択し、［データ］タブの［データの入力規則］（📋）をクリックして［データの入力規則］ダイアログボックスを表示しておく

1 ここをクリックして［リスト］を選択

2 セル範囲を指定

3 ［OK］をクリック

UNIQUE関数は、指定した範囲の中に何種類のデータがあるかを調べることができます。範囲に同じデータがあったとしても1つだけを取り出します。Excel 2021、Microsoft 365で利用可能です。

検索・行列　　　　　　　　　　対応バージョン 365 2021 ~~2019~~ ~~2016~~

重複データを除いて一意のデータを取り出す

=**UNIQUE**(配列, 列の比較, 回数指定)

UNIQUE関数は、範囲内に何種類のデータがあるか、出現するデータを重複を除いて取り出します。例えば、日々の売上データが100件あったとし、100件中、商品は何種類あるかを調べることができます。

引数

配列	データが何種類あるか調べたい範囲を指定します。
列の比較	縦方向にデータを探す場合「FALSE」(省略可) を指定します。横方向にデータを探す場合「TRUE」を指定します。
回数指定	1回だけ出現するデータを探す場合「TRUE」を指定します。それ以外は「FALSE」(省略可) を指定します。

☀ 使いこなしのヒント

「スピル」によって結果が自動的に表示される

Excelの式をセルに入力すると、通常はそのセルだけに結果が表示されます。しかし、UNIQUE関数の結果は何個になるか分かりません。このような式に対しては、結果を表示するセル範囲が自動的に広がる「スピル機能」が働き、何もしなくても複数の結果を表示することができます。UNIQUE関数などといっしょに追加された機能です。

使用例 **列から重複なしで商品名を取り出す** セルE3の式

=UNIQUE(B3:B21)

配列

重複なしで[商品名]
列のデータが取り出
される

⚠ ここに注意

結果が何個になるか分
からないため、数式を
入力した下のセルは空
欄にしておく必要があ
ります。もし空欄でな
い場合は、エラーが表
示されます。

ポイント

配列 商品名を探す範囲（B3:B21）を指定します。

列の比較 縦方向にデータを探すので、省略します。

回数指定 何回重複していても関係なくデータを探すので、省略します。

使いこなしのヒント

1回だけ出現するデータを表示する

UNIQUE関数の引数[回数指定]に「TRUE」
を指定すると、1回だけ出現するデータが
表示されます。重複するデータは表示さ

れません。練習用ファイルでは、「アーモ
ンド」と「チーズケーキ」は範囲内にそ
れぞれ1つしかないことが分かります。

**1回だけ出現するデータを
表示する（セルE3の式）**
　ユ ニ ー ク
=UNIQUE(B3:B21,,
TRUE)

セルB3 〜 B21のデータの中で、1回
だけ出現するデータが表示された

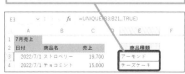

39 条件に合うデータを取り出すには

FILTER

FILTER関数は、条件に合うデータを抽出します。1つのFILTER関数を入力するだけで、複数の結果を表示することができます。

検索・行列　　　　　　　　　　　対応バージョン 365 2021 2019 2016

条件に一致するデータを取り出す

フィルター
=FILTER(配列, 含む, 空の場合)

FILTER関数は、指定した条件に合うデータを取り出して表示します。引数 [含む] に比較演算子を使った条件式を指定するのが特徴です。

引数

配列	データを取り出す対象範囲を指定します。
含む	データを取り出す条件となる範囲と条件を条件式で指定します。
空の場合	条件に一致するものがない場合の処理を指定します（省略可）。省略した場合、一致するものがない場合にエラーが表示されます。

🔅 使いこなしのヒント

[含む] に指定する条件式とは

引数 [含む] に指定する式は、「セル範囲=条件」のようにセル範囲と条件を「=」「>=」などの比較演算子（レッスン25参照）でつなぎます。「セル範囲=条件」は

●条件式の例

「セル範囲が条件と等しい」という意味ではなく「範囲内のセルひとつひとつと条件が等しいか判定する」という意味です。その結果条件に合うものを表示します。

セル範囲B3:B15の各セルとセルF2が同じか判定する	セル範囲D3:D15の各セルが5以上か判定する
B3:B15=F2	**D3:D15>=5**

使用例 **ビジネスデスクの受注日付を抽出する**　　　セルF3の式

=FILTER(A3:A15, B3:B15=F2)

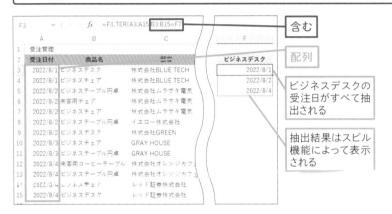

含む

配列

ビジネスデスクの受注日がすべて抽出される

抽出結果はスピル機能によって表示される

ポイント

配列	抽出したい「受注日付」のセル範囲（A3:A15）を指定します。
含む	「商品名」のセル範囲（B3:B15）の中でセルF2の「ビジネスデスク」を探すため「B3:B15=F2」を指定します。
空の場合	省略します。

🔅 使いこなしのヒント

抽出したデータの行をすべて表示させる

条件に該当するデータだけでなく、同じ行のほかの項目も取り出したい場合は、引数［配列］に取り出したい項目を含めたセル範囲を指定します。

抽出したデータの行をすべて表示できる

抽出したデータの行をすべて表示する（セルF3の式）
フィルター
=**FILTER(A3:D15,
B3:B15=F1)**

40 データを並べ替えて取り出すには

SORT

SORT関数は、並べ替えができる関数です。元のデータ表はそのままに別の場所にデータを並べ替えて取り出すことができます。Microsoft 365、Excel 2021で利用可能です。

検索・行列　　　　　　　　　　　　対応バージョン `365` `2021` `2019` `2016`

データを並べ替えて取り出す

$$=\textbf{SORT}(配列, 並べ替えインデックス, 並べ替え順序, 並べ替え基準)$$

SORT関数は、指定した範囲のデータを指定したルールで並べ替えて取り出します。Excelの「並べ替え」機能では、元の表そのものを並べ替えますが、SORT関数は別の場所に並べ替え後の結果を取り出します。

引数

配列	並べ替えたいデータの範囲を指定します。
並べ替えインデックス	並べ替えの条件となる列を[配列]の範囲の左から数えた番号で指定します。
並べ替え順序	降順（大きい順）に並べ替える場合は「-1」、昇順（小さい順）に並べ替える場合は「1」（省略可）を指定します。
並べ替え基準	並べ替えを行方向で行う（行を入れ替える）場合は「FALSE」（省略可）、列方向で行う（列を入れ替える）場合は「TRUE」を指定します。

🔗 関連する関数

FILTER	P.124	VLOOKUP	P.84、100、104
UNIQUE	P.122	XLOOKUP	P.108

使用例 **販売日順に並んだ表を商品区分順に並べ替える** セルG2の式

=**SORT**(<u>A2:E20</u>, <u>2</u>)

配列 | 並べ替えインデックス | 商品区分順に並べ変えられた表が作成される

	A	B	C	D	E	F	G	H	I	J	K
G2			fx	=SORT(A2:E20,2)							
1	販売日	商品区分	商品	品番	価格		販売日	商品区分	商品	品番	価格
2	7/5	キッチン家電	フードプロセッサー	C2000102	8,200		7/5	キッチン家電	フードプロセッサー	C2000102	8,200
3	7/5	キッチン家電	トースター	C2000104	7,000		7/5	キッチン家電	トースター	C2000104	7,000
4	7/6	キッチン家電	フードプロセッサー	C2000102	8,200		7/6	キッチン家電	フードプロセッサー	C2000102	8,200
5	7/6	パソコン周辺	タブレットPC	P5000220	23,000		7/6	キッチン家電	ホームベーカリー	C2000103	14,000
6	7/6	家電	空気清浄機	K1000567	10,000		7/7	キッチン家電	トースター	C2000104	7,000
7	7/6	キッチン家電	ホームベーカリー	C2000103	14,000		7/7	キッチン家電	フードプロセッサー	C2000102	8,200
8	7/6	パソコン周辺	キーボード	P5000220	3,000		7/8	キッチン家電	ホットプレート	C2000102	20,000
9	7/7	家電	空気清浄機	K1000567	10,000		7/8	キッチン家電	トースター	C2000104	7,000
10	7/7	キッチン家電	トースター	C2000104	7,000		7/8	キッチン家電	ホットプレート	C2000102	20,000
11	7/7	キッチン家電	フードプロセッサー	C2000102	8,200		7/6	パソコン周辺	タブレットPC	P5000220	23,000
12	7/7	パソコン周辺	マウス	P5000222	2,500		7/6	パソコン周辺	キーボード	P5000220	3,000
13	7/8	キッチン家電	ホットプレート	C2000102	20,000		7/7	パソコン周辺	マウス	P5000222	2,500
14	7/8	キッチン家電	トースター	C2000104	7,000		7/9	パソコン周辺	パソコン	P5000221	70,000
15	7/8	キッチン家電	ホットプレート	C2000102	20,000		7/6	家電	空気清浄機	K1000567	10,000

ポイント

配列	並べ替えたいA列からE列の範囲（A2:E20）を指定します。
並べ替えインデックス	[配列] に指定した範囲の左から2列目の「商品区分」ごとに並べ替えたいので「2」を指定します。
並べ替え順序	昇順（ここでは50音順）に並べ替えるので省略します。
並べ替え基準	行方向で並べ替えるので省略します。

※ 使いこなしのヒント

自動的に複数行の結果が表示される

FILTER関数を入力するのは1つのセルですが、結果は複数行になります。このように1つの式に対し結果が複数ある場合、スピル機能（レッスン38参照）が働き、隣接するセルに自動的に表示されます。

※ 使いこなしのヒント

降順で並べ替えるには

並べ替える順序を降順（大きい順）にするには、引数 [並べ替え順序] に「-1」を指定します。対象が文字列の場合、降順の指定で50音順の逆順になります。

スキルアップ

FILTER関数と組み合わせて抽出したデータを並べ替える

FILTER関数は、指定した条件に合うものを取り出す関数です（レッスン39参照）。これとSORT関数を組み合わせることで、条件に合うものを並べ替えて取り出すことができます。

キッチン家電のみ取り出して価格順に並べ替える（セルG3の式）

=SORT(FILTER(A3:E21,B3:B21=G1),5)

（ソート）

ポイント

配列	並べ替えの対象をFILTER関数で取り出す（B列がキッチン家電）
並べ替えインデックス	FILTER関数で取り出した範囲の左から5列目（価格）を並べ替えの条件にする
並べ替え順序	価格を昇順に並べ替えるので省略します。
並べ替え基準	行方向で並べ替えるので省略します。

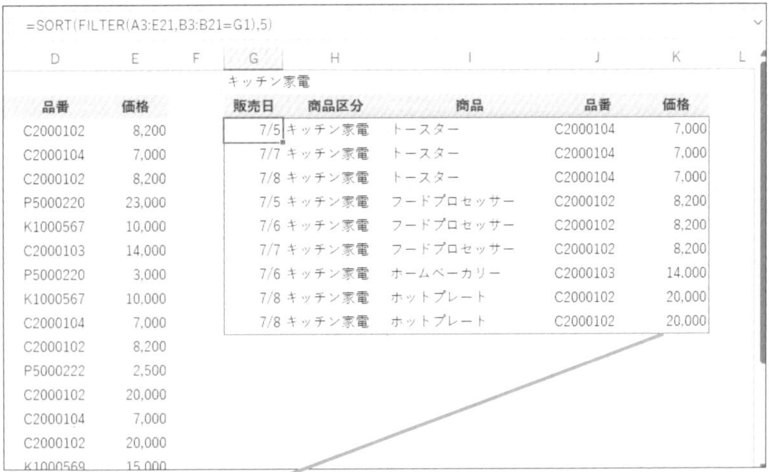

=SORT(FILTER(A3:E21,B3:B21=G1),5)

D 品番	E 価格
C2000102	8,200
C2000104	7,000
C2000102	8,200
P5000220	23,000
K1000567	10,000
C2000103	14,000
P5000220	3,000
K1000567	10,000
C2000104	7,000
C2000102	8,200
P5000222	2,500
C2000102	20,000
C2000104	7,000
C2000102	20,000
K1000569	15,000

キッチン家電

販売日	商品区分	商品	品番	価格
7/5	キッチン家電	トースター	C2000104	7,000
7/7	キッチン家電	トースター	C2000104	7,000
7/8	キッチン家電	トースター	C2000104	7,000
7/5	キッチン家電	フードプロセッサー	C2000102	8,200
7/6	キッチン家電	フードプロセッサー	C2000102	8,200
7/7	キッチン家電	フードプロセッサー	C2000102	8,200
7/6	キッチン家電	ホームベーカリー	C2000103	14,000
7/8	キッチン家電	ホットプレート	C2000102	20,000
7/8	キッチン家電	ホットプレート	C2000102	20,000

商品区分が「キッチン家電」の項目だけ抽出して、価格順に並べ替えた

活用編

第 5 章

条件に合わせて
データを集計する

この章では、データを選別して集計する関数を紹介します。大量のデータを活用するには、条件に合うデータの集計が欠かせません。条件を付けることができるいろいろな関数を使ってみましょう。

41 数値の個数を数えるには

COUNT

集計表では、データ件数の把握が重要です。データが数値や日付なら、COUNT関数で調べます。ここでは、数値データであることがわかっている番号を数え、データの総件数にします。

統計　　　　　　　　　　　　　　　対応バージョン 365 2021 2019 2016

数値の個数を数える

カ ウ ン ト
=**COUNT**(値1,値2,…,値255)

COUNT関数は、指定した範囲内の数値(日付や時刻を含む)の個数を数えます。数値の数は数えられますが、文字列は数えられません。表のデータ件数を数える場合、必ず数値が入力される列を対象にします。

なお、数値や文字といった種類に関係なくデータの個数を数える場合は、COUNTA関数を使います。

引数

値 数値の個数を数えたいセルやセル範囲を指定します。数値も直接指定できます。

💡 使いこなしのヒント

複数のセル範囲も指定できる

COUNT関数の引数には、複数のセルやセル範囲を最大255まで指定できます。その場合、「,」で区切ってセルやセル範囲を引数に指定します。

複数のセル範囲を選択できる

練習用ファイル ▶ L041_COUNT.xlsx

使用例 社員番号（数値）の数を数えて人数を表示する セルB16の式

=COUNT(B3:B15)

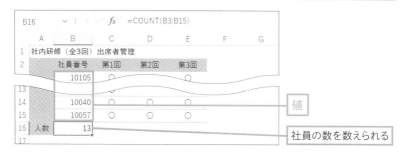

B16			f_x	=COUNT(B3:B15)		
	A	B	C	D	E	F	G
1	社内研修（全3回）出席者管理					
2		社員番号	第1回	第2回	第3回		
		10105	○				

13			○			値
14		10040	○	○	○	
15		10057	○	○	○	
16	人数	13				社員の数を数えられる
17						

ポイント

値 社員番号の個数を出席予定人数とします。社員番号が入力されている
セル範囲（B3:B15）を指定します。

使いこなしのヒント

データが入力されていない空白セルを数えるには

何もデータが入力されていない空白セル
は、COUNTBLANK関数で数えられます。
出欠表で欠席を空欄としておけば、空白
セルの数=欠席者の人数として集計でき
ます。ただし、スペースが入力されてい
るセルは空白セルと見みなされずカウン
トされないので注意が必要です。

空白セルの個数を数える
カウントブランク
=**COUNTBLANK(**範囲**)**

範囲	空白の個数を数えたいセルやセル範囲を指定します。

使いこなしのヒント

データ種類に関係なく数えるには

COUNTA関数は、数値、文字、論理値
（「TRUE」や「FALSE」）を数えます。デー
タ件数として数えたい列に文字が入力し
てある場合、あるいは数値と文字が混在
している場合に使います。

データの個数を数える
カウントエー
=**COUNTA(**値 1, 値 2, …, 値
255**)**

ある範囲の中で条件に合うデータだけを数えたいときにはCOUNTIF関数を使います。COUNTIF関数の引数には、条件を指定することができます。ここでは、会員種別ごとに数を数えます。

統計　　　　　　　　　　　　　　　対応バージョン　365　2021　2019　2016

条件を満たすデータの個数を数える

カ ウ ン ト イ フ
=COUNTIF(範囲, 検索条件)

条件に合うデータだけを数えたいときは、COUNTIF関数を利用します。引数［検索条件］には数えるデータそのものを指定するほか、「～以上」や「～を含む」といった条件式の指定も可能です。これらの条件に合うデータの個数を引数［範囲］の中で数えます。

引数

範囲　　　数を数えるセル範囲を指定します。

検索条件　数えるセルの条件を指定します。

🔗 関連する関数

COUNT	P.130	DCOUNT	P.144
COUNTIFS	P.140		

💡 使いこなしのヒント

引数のセル参照を絶対参照にして再利用する

セルF3に入力したCOUNTIF関数をセルG3にコピーして利用したい場合は、セルF3のCOUNTIF関数の引数［範囲］を絶対参照（レッスン12参照）にしておきましょう。絶対参照に指定した範囲が、セルG3にそのままコピーされます。

引数［範囲］を絶対参照にして
コピーする

使用例 **一般会員の人数を数える**　　　　　セルF3の式

=COUNTIF(C3:C20, F2)

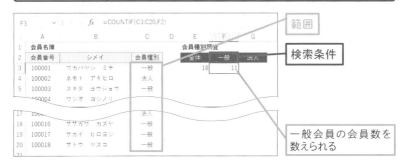

範囲

検索条件

一般会員の会員数を
数えられる

ポイント

範囲　　「会員種別」の「一般」か「法人」が入力されたセル範囲 (C3:C20)
　　　　を指定します。

検索条件　セルF3の式では「一般」を数えるので「一般」の文字が入力さ
　　　　れたセルF2を指定します。

使いこなしのヒント

COUNTIF関数でデータの重複を調べる

COUNTIF関数を利用して重複データの有
無を調べることができます。例えば、氏
名の重複を調べる場合、氏名を条件にし
てCOUNTIF関数で数を数えます。結果が
「1」なら重複なし、「2」以上なら重複あ
りと判断することができます。

各行の会員の
氏名の個数を
数えている

「2」以上なら会員
の氏名が重複してい
ると分かる

会員の氏名の重複を調べる（セル
D3の式）
<ruby>カウントイフ</ruby>
=**COUNTIF($B$3:$B$20, B3)**

43 条件を満たすデータの合計を求めるには

SUMIF

集計表などで、同じデータを持つ行だけ合計を計算したいという場合は、SUMIF関数を使います。SUM関数は合計を求める関数ですが、SUMIF関数は条件付きで合計を求めます。

数学／三角　　　　　　　対応バージョン 365 2021 2019 2016

条件を満たすデータの合計を求める

サムイフ
=**SUMIF(**範囲**,**検索条件**,**合計範囲**)**

SUMIF関数は、条件に一致したデータと同じ行にある値を合計します。引数 [検索条件] に合うものを引数 [範囲] から探します。合計するのは、引数 [合計範囲] のデータです。検索する範囲と合計する範囲を間違えないよう注意が必要です。

引数

範囲　　　[検索条件] を検索するセル範囲を指定します。

検索条件　検索する値や条件が入力されたセルを指定するほか、数値や文字列を直接指定できます。

合計範囲　合計の対象にするセル範囲を指定します。

ここでは、[顧客ID] 列の「K0001」(レッドコーポレーション(株)) を探して売上金額の欄を合計する

◆引数 [合計範囲]
[顧客ID] が「K0001」の行の [売上金額] 列の数値を合計する

◆引数 [範囲]
[顧客ID] 列から引数 [検索条件] の「K0001」を探す

使用例 **特定の顧客の売上金額を合計する**　　セルD3の式

=**SUMIF(B7:B17, B3, D7:D17)**

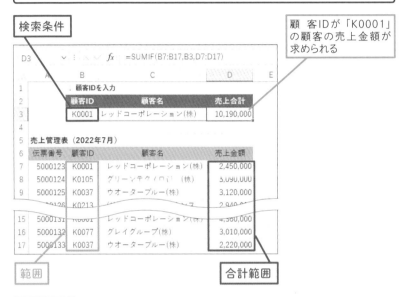

検索条件

顧客IDが「K0001」の顧客の売上金額が求められる

A	B	C	D	E
D3		f_x =SUMIF(B7:B17,B3,D7:D17)		
1	顧客IDを入力			
2	顧客ID	顧客名	売上合計	
3	K0001	レッドコーポレーション(株)	10,190,000	
4				
5	売上管理表（2022年7月）			
6	伝票番号	顧客ID	顧客名	売上金額
7	5000123	K0001	レッドコーポレーション(株)	2,450,000
8	5000124	K0105	グリーンテク（ロジ（株）	3,090,000
9	5000125	K0037	ウオーターブルー(株)	3,120,000
	5000126	K0213		2,940,0
15	5000131	K0001	レッドコーポレーション(株)	4,360,000
16	5000132	K0077	グレイグループ(株)	3,010,000
17	5000133	K0037	ウオーターブルー(株)	2,220,000

範囲　　　　　　　　　　　　　　　　　　　合計範囲

ポイント

範囲　　セルB3の顧客IDを「売上管理表」の「顧客ID」のセル範囲（B7:B17）から検索します。

検索条件　セルB3に入力された顧客IDを検索の条件とするのでセルB3を指定します。

合計範囲　「売上金額」の合計を求めるので「売上管理表」の「売上金額」のセル範囲（D7:D17）を指定します。

🔆 使いこなしのヒント

[範囲]と[合計範囲]の違いとは

引数[範囲]と引数[合計範囲]には、どちらにもセル範囲を指定するため混同しがちです。[範囲]は条件に合うかどうか　かを判定するためのセル範囲、[合計範囲]は合計する数値が入力されたセル範囲を指定します。

条件を満たすデータの平均を求めるには

AVERAGEIF

AVERAGEIF関数は、指定した条件に合うデータを探し、それらのデータが持つ数値データの平均を求めます。条件はひとつだけ指定することができます。

統計　　　　　　　　　　　　　　対応バージョン 365 2021 2019 2016

条件を満たすデータの平均を求める

アベレージイフ
=**AVERAGEIF**(範囲, 条件, 平均対象範囲)

AVERAGEIF関数は、引数［条件］に合うデータを［範囲］から探し、［平均対象範囲］のデータを平均します。条件に合うデータの合計を求めるSUMIF関数と使い方は同じです。

引数

範囲	［条件］を検索するセル範囲を指定します。
条件	検索する値や条件が入力されたセルを指定条件に指定するほか、数値や文字列を直接指定できます。
平均対象範囲	平均を計算するセル範囲を指定します。

ここでは［年代］列の「20」（20代）を探してお買い上げ金額の平均額を求める

◆引数［平均対象範囲］
［年代］列が「20」の行の［お買い上げ金額］列の数値を平均する

◆引数［範囲］
［年代］列から引数［条件］の「20」を探す

🔗 関連する関数

AVERAGE	P.76	TRIMMEAN	P.214
DAVERAGE	P.147		

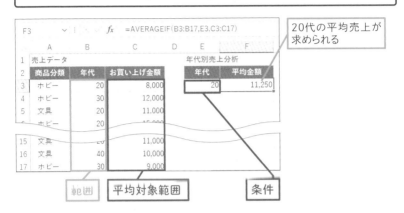

使用例 **20代のお買い上げ金額の平均を求める**　　セルF3の式

44

AVERAGEIF

=AVERAGEIF(B3:B17, E3, C3:C17)

20代の平均売上が求められる

	A	B	C	D	E	F
1	売上データ				年代別売上分析	
2	商品分類	年代	お買い上げ金額		年代	平均金額
3	ホビー	20	8,000		20	11,250
4	ホビー	30	12,000			
5	文具	20	11,000			
	ホビー	20	15,000			
15	文具	20	11,000			
16	文具	40	10,000			
17	ホビー	30	9,000			

範囲　　平均対象範囲　　条件

ポイント

範囲	年代が「20」のセルを検索するので「売上データ」の「年代」のセル範囲（B3:B17）を指定します。
条件	年代が「20」を条件とするので「20」が入力されているセルE3を指定します。
平均対象範囲	「お買い上げ金額」の平均を求めたいので「売上データ」の「お買い上げ金額」のセル範囲（C3:C17）を指定します。

☀ 使いこなしのヒント

複数の条件に合う平均値を求めるには

複数の条件に合うデータの数値から平均を求めるには、AVERAGEIFS関数を使います。AVERAGEIF関数と似ていますが、指定する引数の順番が違うので注意が必要です。複数の条件が指定できるAVERAGEIFS関数では、最初の引数に計算対象になる数値の範囲を指定します。続けて、条件範囲と条件をセットにして指定します。

複数の条件を満たすデータの平均を求める

アベレージイフエス
=**AVERAGEIFS(平均対象範囲, 条件範囲1, 条件1, 条件範囲2, 条件2, …)**

条件に合うデータの中から最大値を取り出して表示するには、MAXIFS関数を
使います。なお、MAXIFS関数は、Excel 2016以前のバージョンでは使用す
ることができません。

統計　　　　　　　　　　　　　　　　対応バージョン 365 2021 2019 2016

条件を満たすデータの最大値を求める

マックスイフエス
=**MAXIFS**(最大範囲, 条件範囲1, 条件1,
条件範囲2, 条件2, …)

MAXIFS関数は、[条件1]や[条件2]などの条件に合うデータを[条件範
囲1]、[条件範囲2]から探し、その中から最大値を表示します。表示するの
は[最大範囲]の値です。複数の条件を指定できますが、[条件範囲1]、[条
件1]しか指定しなければ、1つの条件に合うデータから最大値を求めることが
できます。

引数

最大範囲　　最大値を求めたいセル範囲を指定します。

条件範囲　　[条件]を探す範囲を指定します。

条件　　　　検索する値や条件が入力されたセルを条件に指定するほか、数
　　　　　　値や文字列を直接指定できます。

🔗 関連する関数

AVERAGEIFS	P.137	SUMIFS	P.142
MAX	P.78		

練習用ファイル ▶ L045_MAXIFS.xlsx

使用例 地域が「関東」の最大売上金額を求める　　セルH3の式

=MAXIFS(E3:E20, B3:B20, G3)

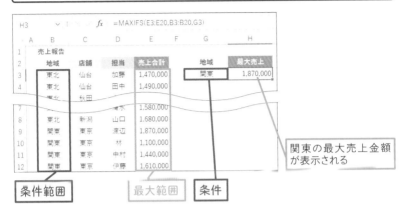

関東の最大売上金額
が表示される

条件範囲　　　　最大範囲　　条件

ポイント

最大範囲　「売上合計」の中で最大値を求めるので「売上合計」の列のセル
　　　　　範囲（E3:E20）を指定します。

条件範囲　セルG3の地域を表の「地域」のセル範囲（B3:B20）から検索
　　　　　します。

条件　　　セルG3に入力された地域を検索するのでセルG3を指定します。

🌞 使いこなしのヒント

条件に合う最小値を取り出すには

最小値はMINIFS関数で取り出すことが
できます。使い方はMAXIFS関数と同じ
で、最小値を取り出したい範囲を [最小
範囲] に指定し、条件を [条件範囲1 ～

126]、[条件1 ～ 126] に指定します。
なお、MINIFS関数はExcel 2016以前の
バージョンでは使用できません。

条件を満たすデータの最小値を求める

ミニマムイフエス
=MINIFS(最小範囲, 条件範囲 1, 条件 1, 条件範囲 2,
条件 2, …)

複数条件を満たすデータを数えるには

COUNTIFS

数を数える関数はいくつかありますが、その中でCOUNTIFS関数は複数の条件を設定できます。複数の条件を満たすデータを数えたいときに利用します。

統計　　　　　　　　　　　　　　　対応バージョン 365 2021 2019 2016

複数条件を満たすデータの個数を数える

カウントイフエス
=COUNTIFS(範囲1, 検索条件1, 範囲2, 検索条件2, …)

COUNTIFS関数は、複数の条件をすべて満たすデータの個数を数えます。引数には、複数の条件と、各条件に対応するセル範囲を指定します。[検索条件1]の条件は [範囲1] から検索され、[検索条件2] の条件は [範囲2] から検索されます。

引数

範囲　　　 [検索条件] を検索するセル範囲を指定します。

検索条件　個数を数えるデータの条件を指定します。

🔗 **関連する関数**

COUNT	P.130	DCOUNT	P.144
COUNTIF	P.132		

⚠️ **ここに注意**

COUNTIFS関数には、複数の条件を設定できます。条件を探す範囲は、条件ごとに設定しなくてはなりませんが、どの　範囲も同じ行数、列数である必要があります。

使用例 **2つの条件に合うデータの件数を数える**　セルI3の式

=COUNTIFS(B3:B17, G3, C3:C17, H3)

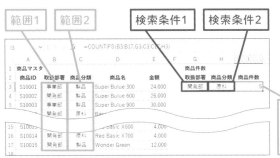

範囲1　範囲2　検索条件1　検索条件2

[取扱部署] が「開発部」で、[商品分類] が「原料」の商品の数が数えられる

ポイント

範囲1	セルG3の部署を検索するので「商品マスタ」の「取扱部署」のセル範囲（B3:B17）を指定します。
検索条件1	セルG3の部署を検索の条件とするのでセルG3を指定します。
範囲2	セルH3の商品分類を検索するので「商品マスタ」の「商品分類」のセル範囲（C3:C17）を指定します。
検索条件2	セルH3の商品分類を検索の条件とするのでセルH3を指定します。

☀ 使いこなしのヒント

条件をさらに増やすには

引数に指定できる条件の数は127個です。このレッスンでは2つの条件を設定していますが、さらに条件を増やす場合は、引数を「[範囲3], [検索条件3], [範囲4], [検索条件4] ……」と追加しましょう。

☀ 使いこなしのヒント

条件に文字列を直接指定するには

ここでは、引数 [検索条件] にセルを指定していますが、条件の文字を直接指定することもできます。その場合は、「"開発部"」のように「"」でくくります。

複数条件を満たすデータの合計を求めるには

SUMIFS

複数の条件に合うデータを探して合計を求めるには、SUMIFS関数を使います。複数条件のほかに、合計の対象となる数値の範囲を指定します。

数学／三角　　　　　　　　　　　　　　　対応バージョン　365　2021　2019　2016

検索条件を満たすデータの合計を求める

サムイフエス
=**SUMIFS**(合計対象範囲, 条件範囲1, 条件1, 条件範囲2, 条件2, …)

SUMIFS関数は、複数の条件をすべて満たすデータの合計を求めます。合計するのは、最初に指定する引数［合計対象範囲］のデータです。その後に続く引数は、条件とそれを検索する範囲です。［条件1］は［条件範囲1］から検索され、［条件2］は［条件範囲2］から検索されます。なお、条件範囲と条件のセットは、最大127組指定できます。

引数

合計対象範囲　　合計対象のデータが含まれるセル範囲を指定します。

条件範囲　　　　［条件］を検索するセル範囲を指定します。

条件　　　　　　合計を求めるデータの条件を指定します。

☀ 使いこなしのヒント

「～以上～未満」の条件を設定するには

練習用ファイルでは条件は文字ですが数値を指定することも可能です。例えば、条件を利用金額が4000以上とする場合、引数に「">=4000"」と指定します。利用金額が4000以上5000未満とする場合は、「">=4000"」と「"<5000"」の2つの条件を引数［条件1］、［条件2］に別々に指定します。

4000以上5000未満の金額を合計する
サムイフエス
=**SUMIFS**(D3:D20, D3:D20, ">=4000", D3:D20, "<5000")

使用例 縦横の条件に合う金額を合計する

セルG3の式

47

SUMIFS

=SUMIFS(D3:D20, B3:B20, G2, C3:C20, F3)

条件範囲1　条件範囲2　　　条件2　条件1

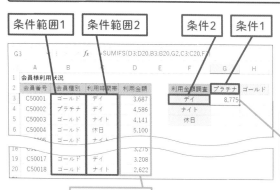

[会員種別] が「プラチナ」で、[利用時間帯] が「デイ」の会員の利用金額を合計できる

合計対象範囲

ポイント

合計対象範囲	合計を求める「利用金額」のセル範囲（D3:D20）を指定します。
条件範囲1	セルG2の「プラチナ」を検索する「会員種別」のセル範囲（B3:B20）を指定します。
条件1	セルG2の「プラチナ」を条件とするのでセルG2を指定します。
条件範囲2	セルF3の「デイ」を検索する「利用時間帯」のセル範囲（C3:C20）を指定します。
条件2	セルF3の「デイ」を条件とするのでセルF3を指定します。

使いこなしのヒント

クロス集計表に役立つ

クロス集計表は、表の上端と左端に項目を配置し、縦横の項目に合う値を表示する表です。ここでは、上端の行に配置した「会員種別」、左端の列に配置した「利用時間帯」の項目がクロスするところに、利用金額の合計を表示します。このようなクロス集計表の作成は、複数の条件を設定できるSUMIFS関数で可能です。

レッスン
48 複雑な条件を満たす数値の 件数を求めるには

DCOUNT

DCOUNT関数は複数条件に合うデータの個数を数えられます。COUNTIFS関数との違いは、OR条件（〜、または〜を満たす）を設定できることです。

データベース　　　　　　　　　　対応バージョン 365 2021 2019 2016

複雑な条件を満たす数値の個数を求める

ディーカウント
=DCOUNT(データベース, フィールド, 条件)

DCOUNT関数は、データベース関数の1つです。引数［条件］のセル範囲に複数の条件を入力します。その条件に合うデータの件数を数えます。

引数

データベース　　列見出しを含むデータの範囲を指定します。

フィールド　　　データの個数を数える列の見出しを指定します。

条件　　　　　　条件を入力したセル範囲を指定します。

☀ 使いこなしのヒント

データベース関数とは

データベース関数には、DCOUNT関数のほか、DSUM関数やDAVERAGE関数などがあります。引数は共通で［データベース］［フィールド］［条件］を下図のように指定します。条件のセルを書き換えるだけで、いろいろな条件で集計できます。

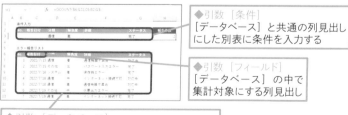

◆引数［条件］
［データベース］と共通の列見出しにした別表に条件を入力する

◆引数［フィールド］
［データベース］の中で集計対象にする列見出し

◆引数［データベース］
先頭行に列見出し（項目）を入力した表の範囲

使用例 入力条件をすべて満たすデータの数を数える セルH3の式

=DCOUNT(B6:G22, C6, B2:G3)

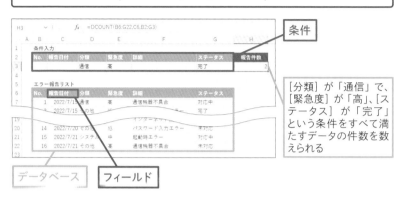

[分類] が「通信」で、[緊急度] が「高」、[ステータス] が「完了」という条件をすべて満たすデータの件数を数えられる

データベース　　フィールド

ポイント

データベース	「エラー報告リスト」の列見出しを含むセル範囲（B6:G22）を指定します。
フィールド	件数を数えたい日付が入力してある「報告日付」の列見出しのセルC6を指定します。
条件	条件が入力されるセルの列見出しを含むセル範囲（B2:G3）を指定します。ここではAND条件を設定しています。

使いこなしのヒント

同じ行への入力でAND条件になる

ここでは、「通信」「高」「完了」の3つの条件を同じ行に入力しています。同じ行にすることで、すべてを満たすAND条件になります。いずれかを満たすOR条件にする場合は、行を変えて入力します。

使いこなしのヒント

文字データの個数を求める

文字データが入力された列を対象に、条件に合うデータの個数を数える場合は、DCOUNTA関数を使います。DCOUNTA関数は、空白でないセルを対象にします。引数 [条件] のセルに文字列を入力するとそれと同じデータを探します。

49 複雑な条件を満たすデータの 合計を求めるには

DSUM

データベース関数では、ANDやORといった複雑な条件を設定できます。複雑な条件に合うデータのみを合計するには、DSUM関数を利用します。

データベース

対応バージョン 365 2021 2019 2016

複雑な条件を満たすデータの合計を求める

ディーサム
=**DSUM**(データベース,フィールド,条件)

DSUM関数は、引数[データベース]から[条件]の範囲に入力した複雑な条件に合うデータを探し、[フィールド]の列を対象に合計値を求めます。

引数

データベース	列見出しを含むデータの範囲を指定します。
フィールド	データを合計する列の列見出しを指定します。
条件	条件を入力したセル範囲を指定します。

💡 使いこなしのヒント

AND条件とOR条件の指定方法を覚えよう

データベース関数の引数[条件]には、複数の条件を入力できます。

●AND条件（すべての条件を満たす）

同じ行で「コピー機」かつ「2022/8/5」を満たす条件となる

顧客	商品	納入予定日
	コピー機	2022/8/5

●OR条件（いずれかの条件を満たす）

違う行で「コピー機」または「2022/8/5」を満たす条件となる

顧客	商品	納入予定日
	コピー機	
		2022/8/5

●AND条件とOR条件

2行に渡って、「コピー機」で「2022/8/5」、または「コピー機」で「2022/8/6」を満たす条件となる

顧客	商品	納入予定日
	コピー機	2022/8/5
	コピー機	2022/8/6

使用例 **入力条件をすべて満たすデータの合計を求める** セルF3の式

=DSUM(B6:F18, E6, C2:E3)

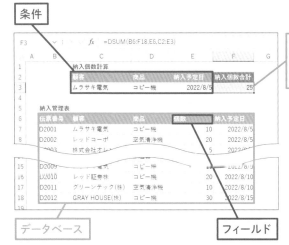

条件

[顧客] [商品] [納品予定日] に指定した条件をすべて満たすデータを合計できる

データベース

フィールド

ポイント

データベース	「納入管理表」の列見出しを含むセル範囲（B6:F18）を指定します。
フィールド	合計を求めたい「個数」の列見出しのセルE6を指定します。
条件	条件が入力されるセルの列見出しを含むセル範囲（C2:E3）を指定します。

🔅 使いこなしのヒント

複雑な条件を満たすデータの平均を求める

条件に合うデータの平均値を求めるに　は、合計を求めるDSUM関数と同じです。
は、DAVERAGE関数を使います。使い方

複雑な条件を満たすデータの平均を求める

ディーアベレージ
=**DAVERAGE(**データベース , フィールド , 条件**)**

50 複雑な条件を満たすデータの 最大値を求めるには

DMAX

条件に合うデータの中の最大値を求めるには、データベース関数のDMAX関数を使います。あらかじめ入力した条件でデータを検索します。

データベース　　　　　　　　　　　　対応バージョン 365 2021 2019 2016

複雑な条件を満たすデータの最大値を求める

ディーマックス
=DMAX(データベース, フィールド, 条件)

DMAX関数は、データベース関数の1つです。DCOUNT関数やDSUM関数と同様に、引数[データベース]から[条件]の範囲に入力した複雑な条件に合うデータを探し、[フィールド]の列から最大値を求めて表示します。

引数

データベース　列見出しを含むデータの範囲を指定します。

フィールド　　最大値を探す列の列見出しを指定します。

条件　　　　　条件を入力したセル範囲を指定します。

使いこなしのヒント

複雑な条件を満たすデータの最小値を求めるには

条件に合うデータの最大値はDMAX関数で求めますが、最小値はDMIN関数で求められます。DMIN関数の使い方は、DMAX関数と同じです。

複雑な条件を満たすデータの最小値を求める
ディーミニマム
=DMIN(データベース, フィールド, 条件)

	A	B	C	D	E
1		お客様最終ご利用情報			
2		お客様ID	ご利用区分	お名前	最初のご利用日
3		K004	店舗	サトウ ヤスコ	2022/7/18

最も古い利用日が表示された

使用例 入力条件をすべて満たすデータの最大値を求める　セルE3の式

=DMAX(**B6:E26**, **E6**, **B2:C3**)

条件

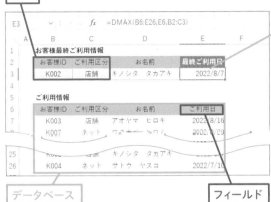

[お客様ID][ご利用区分]に指定した条件をすべて満たすデータの最大値を求められる

データベース　　　　　　　　　　　　　　フィールド

ポイント

データベース	「ご利用情報」の列見出しを含むセル範囲（B6:B26）を指定します。
フィールド	最大値（一番新しい日付）を求めたい「ご利用日」の列見出しのセルE6を指定します。
条件	条件が入力されるセルの列見出しを含むセル範囲（B2:C3）を指定します。

🔅 使いこなしのヒント

条件が設定されていない場合

データベース関数は、引数［条件］の範囲に入力された条件に合うデータを集計します。条件をすべて削除した状態にすると、全データが対象になります。ということは、DMAX関数の結果はMAX関数を使った場合と同じです。DSUM関数な らSUM関数の結果と一致します。データベース関数を使うメリットは、さまざまな条件を簡単に設定できる点です。条件が何もないときは、全データが集計されることを覚えておきましょう。

51 条件に合うかどうかを 調べるには

AND、OR

複数の条件がある場合、すべての条件を満たしているかを確認するにはAND関数、いずれか1つでも条件を満たしているかを確認するには、OR関数を使用します。

論理　　　　　　　　　　　　　　　対応バージョン 365 2021 2019 2016

複数の条件がすべて満たされているか判断する

アンド
=**AND**(論理式1, 論理式2, …, 論理式255)

複数の条件[論理式]を指定し、それらをすべて満たしているかどうかを判定するのがAND関数です。結果は条件のすべてが満たされているとき「TRUE」、それ以外は「FALSE」になります。

引数

論理式 1 〜 255　　条件を式で指定します。

論理　　　　　　　　　　　　　　　対応バージョン 365 2021 2019 2016

複数の条件のいずれかが満たされているか判断する

オ ア
=**OR**(論理式1, 論理式2, …, 論理式255)

OR関数は、複数の条件[論理式]のいずれか1つでも満たしていれば「TRUE」、どの条件も満たしていないとき「FALSE」になります。

引数

論理式 1 〜 255　　条件を式で指定します。

🔗 **関連する関数**

IF　　　　　　　　　　　　　　　　　　P.94

練習用ファイル ▶ L051_AND.xlsx

使用例 **7、8、9月がすべて10000以上か判定する** セルE3の式

=**AND**(B3>=10000, C3>=10000, D3>=10000)

論理式1　論理式2　論理式3

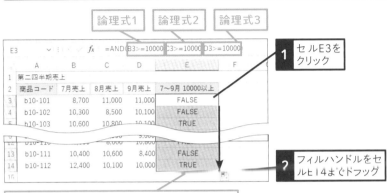

| 1 | セルE3をクリック |

| 2 | フィルハンドルをセルE14までドラッグ |

7月～ 9月まですべて1万円以上のとき「TRUE」が
表示され、それ以外は「FALSE」が表示された

練習用ファイル ▶ L051_OR.xlsx

使用例 **7、8、9月のいずれかが10000以上か判定する** セルE3の式

=**OR**(B3>=10000, C3>=10000, D3>=10000)

論理式1　論理式2　論理式3

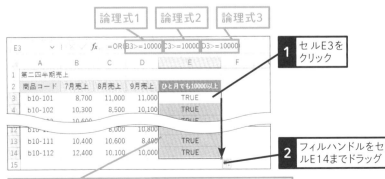

| 1 | セルE3をクリック |

| 2 | フィルハンドルをセルE14までドラッグ |

7月～ 9月までのいずれかが1万円以上のとき「TRUE」が表示
され、どの月も1万円未満のとき「FALSE」が表示された

スキルアップ

ワイルドカードで文字列の条件を柔軟に指定できる

文字列を検索条件にする場合、ワイルドカードと呼ばれる「*」や「?」の記号を使用することができます。「*」は複数文字を「?」は1文字を代用します。

●ワイルドカードの使用例

引数［検索条件］の例	検索されるデータ
"*レッド*"	「レッド」の文字を含むデータ
"レッド*"	先頭の文字が「レッド」のデータ
"??レッド*"	3文字目以降が「レッド」で、それ以降は任意の文字列のデータ

顧客名が「レッド」で始まる顧客の売上金額を合計する（セルD3の式）

=SUMIF(C7:C17, C3, D7:D17)

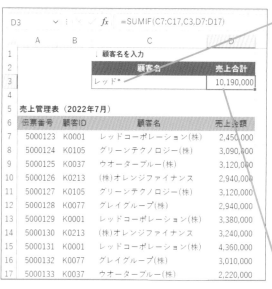

セルC3の検索条件に「レッド*」と入力する

顧客名の先頭が「レッド」から始まる顧客の売上金額を求められる

活用編

第 6 章

データを
変換・整形する

この章では、文字列を操作する関数を紹介します。すで
にあるデータを用途に合わせて作り直したいというとき
に欠かせない関数です。文字種を変換したり、特定の
文字を取り出したりして、データを整えます。

FIND関数は、文字列に含まれる特定の文字の位置を調べます。特定の文字が何文字目にあるかが分かれば、その文字まで取り出したり、その文字以降を消したりといったことが可能になります。

文字列操作　　　　　　　　　　　　対応バージョン 365 2021 2019 2016

文字列の位置を調べる

ファインド
=FIND(検索文字列, 対象, 開始位置)

FIND関数は、指定した文字が何文字目かを調べます。結果は整数です。対象となる文字列に半角、全角の区別はありません。「あいうABC」という文字列があったとして「A」の文字位置は、FIND関数では「4」となります。

引数

検索文字列	検索したい特定の文字を指定します。
対象	[検索文字列] が含まれる文字列が入力されたセル、または文字列を指定します。
開始位置	文字の検索を始める位置を指定します。先頭文字から探す場合は省略できます。

🔅 使いこなしのヒント

SUBSTITUTE関数で課名を表示する

課名の取り出しは、取り出し済みの部名を利用します。部課名の部名を空白に置き換えて結果的に課名のみの表示にします。置き換えはSUBSTITUTE関数（レッスン58参照）で行います。

部課名の部名を空白に
置き換える（セルC3の式）
サブスティテュート
= SUBSTITUTE(A3, B3, "")

練習用ファイル ▶ L052_FIND.xlsx

使用例 「部」の文字の位置を調べる　　　セルB3の式

=FIND("部", A3)

52
FIND

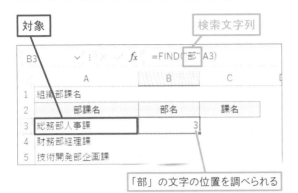

対象

検索文字列

部課名	部名	課名
総務部人事課	3	
財務部経理課		
技術開発部企画課		

「部」の文字の位置を調べられる

ポイント

検索文字列　「部」の文字を検索するので「"」でくくって指定します。

対象　　　　部課名が入力されているセルA3を指定します。

開始位置　　先頭文字から検索するので省略します。

🔗 関連する関数

LEFT	P.156	MID	P.158
LEN	P.168		

💡 使いこなしのヒント

LEFT関数で先頭から「部」まで取り出す

「部」の位置が判明したことで、部名と課名を別々のセルに分けることができます。FIND関数の結果が「3」とすると、先頭から3文字を取り出せば部名になります。先頭から文字を取り出すLEFT関数（レッスン53参照）と組み合わせます。

先頭から「部」の文字まで取り出す（セルB3の式）
= **LEFT**(A3, **FIND**("部", A3))

先頭から「部」まで
3文字を取り出せた

部課名	部名	課名
総務部人事課	総務部	
財務部経理課	財務部	
技術開発部企画課	技術開発部	

できる　155

文字を取り出す関数はいくつか種類がありますが、LEFT関数は、文字列の先頭から文字を取り出します。引数には何文字を取り出すか文字数の指定が必要です。

文字列操作　　　　　　　　　　　対応バージョン　365　2021　2019　2016

先頭から何文字かを取り出す

レ フ ト
=LEFT(文字列, 文字数)

LEFT関数は、文字列の左から、つまり先頭から文字を取り出します。引数には、対象となる文字列と取り出す文字数を指定します。使用例のように、先頭の6文字を取り出すことが決まっている場合は、引数［文字数］に「6」と指定できますが、取り出す文字数が不確定の場合は、何らかの方法で検出する必要があります。例えば、特定の文字まで取り出すなら、FIND関数で文字位置を調べ、それをLEFT関数の文字数にします（155ページの使いこなしのヒント参照）。

引数

文字列　文字列か文字列が入力されたセルを指定します。

文字数　取り出す文字数を数値で指定するか、セルを指定します。

使いこなしのヒント

バイト数を指定して文字を取り出せる

取り出すのを文字数ではなく、バイト数で指定する場合は、LEFTB関数を使います。この関数を使うと全角文字は1文字につき2バイト、半角文字は1文字につき1バイトで数えます。半角と全角の文字が混在するデータから決まったバイト数で文字を取り出すときに利用します。

先頭から何バイトかを取り出す
レフトビー
=LEFTB(文字列, バイト数)

関連する関数

使用例 **先頭から6文字を取り出す**

セルB3の式

=LEFT(A3, 6)

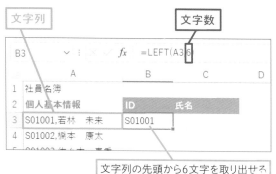

文字列

文字数

B3	∨ : × ✓	fx	=LEFT(A3,6)

	A	B	C	D
1	社員名簿			
2	個人基本情報	**ID**	**氏名**	
3	S01001,若林　未来	S01001		
4	S01002,橋本　康太			
5	S01003,佐々木　喜善			

文字列の先頭から6文字を取り出せる

使いこなしのヒント

引数[文字数]を省略した場合は

LEFT関数の引数[文字数]を省略すると、[文字数]に「1」を指定したと見なされます。先頭の1文字だけを取り出したいときは省略するといいでしょう。

ポイント

文字列　元の文字列が入力されているセルA3を指定します。

文字数　先頭のIDの6文字を取り出したいので「6」を指定します。

使いこなしのヒント

文字列を末尾から取り出す

文字列を末尾から、つまり右から取り出すには、RIGHT関数、またはRIGHTB関数を使います。末尾から取り出す場合も、引数[文字数]で何文字分を取り出すかを指定します。

末尾から何文字かを取り出す
= **RIGHT**(文字列 , 文字数)

末尾から何バイトかを取り出す
= **RIGHTB**(文字列 , 文字数)

使いこなしのヒント

MID関数で氏名を取り出す

使用例では、氏名は8文字目からと分かっていますので、位置と文字数を指定して文字列を取り出すMID関数（レッスン54参照）を利用して氏名を取り出すことができます。

MID関数で氏名を取り出せる

53

LEFT

文字列の一部を指定した位置から取り出すには

MID

文字列の一部を取り出すとき、取り出し位置と取り出す文字数が分かっている場合、MID関数を利用できます。「○文字目から○文字分」の指定が必要です。

文字列操作

対応バージョン 365 2021 2019 2016

指定した位置から何文字かを取り出す

ミッド
=**MID**(文字列, 開始位置, 文字数)

MID関数は、文字列の一部を取り出す関数です。LEFT関数（レッスン53）は先頭から取り出すと決まっていますが、MID関数では取り出す位置の指定が可能です。ここでは、「神奈川県」の住所から県名を除くために、神奈川県に続く5文字目以降を取り出します。

引数

文字列	文字列か文字列が入力されたセルを指定します。
開始位置	取り出す位置を数値で指定するか、セルを指定します。
文字数	取り出す文字数を数値で指定するか、セルを指定します。

💡 使いこなしのヒント

指定した位置から何バイトかを取り出す

取り出す位置や文字数をバイト数で指定する場合は、MIDB関数を使います。半角と全角の文字が混在するデータから文字数に関係なく、同じ位置から文字を取り出すときに利用します。

指定した位置から何バイトかを取り出す
ミッドビー
=**MIDB**(文字列, 開始位置, バイト数)

取り出す位置をバイト数で指定できる

使用例 **住所の5文字目以降を取り出す** セルC3の式

=MID(B3, 5, 30)

文字列　開始位置　文字数

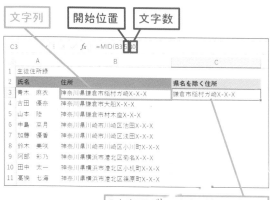

5文字目以降の文字列を取り出せる

使いこなしのヒント

文字列の後半部分を取り出す

MID関数は、文字列の途中一部を取り出す関数ですが、取り出す文字数を工夫すれば、文字列の後半部分をすべて取り出せます。長さが違う住所の場合、取り出す文字数を想定される最大文字数（ここでは30文字）に指定します。

ポイント

文字列　　元の文字列が入力されているセルB3を指定します。

開始位置　先頭から5文字目以降を取り出したいので「5」を指定します。

文字数　　取り出す文字数は行により異なるため、想定される最大文字数「30」を指定します。

使いこなしのヒント

混在する都道府県名を取り除くには

都道府県名は、神奈川県、和歌山県、鹿児島県のみ4文字で、それ以外は3文字で

都道府県名を除いた住所を取り出せる

す。そこで、MID関数で4文字目を取り出して「県」かどうかを調べます。これをIF関数の条件にし、4文字目が「県」なら5文字目以降を取り出し、4文字目が「県」でなければ、4文字目以降を取り出します。

都道府県名を除いて取り出す（セルB2の式）
=**IF**(MID(A2,4,1)="県",**MID**(A2,5,30),
MID(A2,4,30))

セルどうしを連結して新しいデータを作りたいとき、いくつかの方法があります。
Excelのバージョンにより使える関数が異なる点に注意が必要です。

活用編

第6章

データを変換・整形する

文字列操作

対応バージョン 365 2021 2019 2016

指定した文字列を結合する

コンカット
=**CONCAT**(文字列1, 文字列2, …, 文字列253)

CONCAT関数は引数に指定した文字列やセル、セル範囲の文字列をつなぎます。別々のセルに入力した文字列を結合して1つの文字列データにできます。

引数

文字列　結合したい文字列、文字列が入力されたセルやセル範囲を指定します。

練習用ファイル ▶ L055_CONCAT.xlsx

使用例1 セル範囲にある文字列を連結する	セルE3の式

=**CONCAT**(A3:D3)

文字列 | 4つのセルの文字列が1つに連結できる

ポイント

文字列 | 「商品番号」、「商品名」、「サイズ」、「色」のセル範囲を指定します。

使いこなしのヒント

Excel 2016で文字列をつなぐには

CONCATENATE関数を使います。つなぎたいセル、区切り文字をすべて引数に指定します。

文字列を連結する（互換性関数）
コンカティネート
=**CONCATENATE**(文字列1,
文字列2,…,文字列255)

文字列操作

対応バージョン 365 2021 2019 2016

指定した文字列を区切り文字や空のセルを挿入して結合する

テキストジョイン
=**TEXTJOIN**(区切り文字, 空のセル, 文字列1, 文字列2, …, 文字列252)

TEXTJOIN関数も引数に指定した文字列やセル、セル範囲の文字列をつなげられます。CONCAT関数と異なるのは、区切り文字や空のセルの処理を指定できる点です。

引数

区切り文字 つないだ文字列と文字列の間に挿入する区切り文字を指定します。

空のセル 空のセルを無視する場合は「TRUE」、空のセルを含める場合は「FALSE」を指定します。

文字列 結合したい文字列、文字列が入力されたセルやセル範囲を指定します。

練習用ファイル ▶ L055_TEXTJOIN.xlsx

使用例2 セル範囲にある文字列を「-」でつなぐ セルE3の式

=**TEXTJOIN**("-", TRUE, A3:D3)

区切り文字　空のセル　文字列

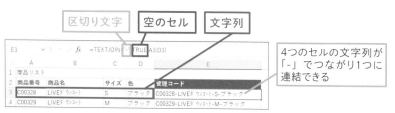

4つのセルの文字列が「-」でつながり1つに連結できる

ポイント

区切り文字 文字列と文字列の間に挿入する「-」を指定します。

空のセル 空のセルを無視する「TRUE」を指定します。

文字列 「商品番号」、「商品名」、「サイズ」、「色」のセル範囲を指定します。

56 ふりがなを表示するには

PHONETIC

Excelに入力した氏名のふりがなはPHONETIC関数で取り出して表示します。
間違った読みで漢字に変換した場合にふりがなを修正する方法も紹介します。

情報　　　　　　　　　　　　　　　　　　対応バージョン 365 2021 2019 2016

ふりがなを取り出す

フォネティック
=PHONETIC(参照)

PHONETIC関数は、セルに漢字を入力したときの「ひらがなの読み」を表示します。

セルには、日本語を入力したときの読みがなが情報として保存されています。そのため、別の読み方で入力した漢字は、その間違った読みのままふりがなが表示されます。

ここでは、「氏名」列からふりがなを取り出し、「フリガナ」列に表示します。

引数

| 参照 | ふりがなを表示する文字列が入力されたセルを指定します。

☀ 使いこなしのヒント

[ふりがなの表示/非表示] ボタンで文字にふりがなが付く

[ホーム] タブの [ふりがなの表示/非表示] ボタンを利用すると、セルの文字に直接ふりがなを表示できます。

PHONETIC関数はこのふりがなを取り出しています。

使用例 **氏名からふりがなを取り出す** セルC3の式

=PHONETIC(B3)

参照

C3		✓ : × ✓ f_x	=PHONETIC(B3)	
	A	B	C	D
1	クラス名簿			
2	**出席番号**	**氏名**	**フリガナ**	
3	1	赤井 大樹	アカイ ダイキ	
4	2	石川 優太		
5	3	井上 菜月		
6	4	遠藤 駿		
7	5	金子 彩乃		
8	6	小林 海斗		

氏名からふりがなを取り出せる

⚠ ここに注意

ほかのソフトウェアや Webページからコピーした文字列は、ふりがな情報がないため、漢字がそのまま表示されてしまいます。漢字を入力し直すか、ふりがなの修正が必要です。

ポイント

参照 「氏名」列のセルを指定します。

☀ 使いこなしのヒント

ふりがなを修正するには

ふりがなの情報は、漢字を入力したセルを選択し、Alt + Shift + ↑キーを押すと表示され、修正できるようになります。[ホーム] タブの [ふりがなの表示/非表示] ボタンの ⌄ をクリックして、[ふりがなの編集] を選んで修正することもできます。

名前を入力したセルをクリックしておく

1 Alt + Shift + ↑キーを押す

ふりがなの候補が表示された

9	7		サイトウ カナ
10	8	佐々木 一輝	ササキ カズテル
11	9		タカハシ アスカ

正しいふりがなを入力し直す

57 位置と文字数を指定して文字列を置き換えるには

REPLACE

位置と文字数を指定して文字を置換するには、REPLACE関数を使うといいでしょう。桁がそろった数字や文字列での置換や削除、挿入に威力を発揮します。

文字列操作　　　　　　　　　　　対応バージョン 365 2021 2019 2016

指定した位置の文字列を置き換える

リプレース
=REPLACE(文字列, 開始位置, 文字数, 置換文字列)

REPLACE関数は、指定した位置の文字を置き換える関数です。引数［開始位置］［文字数］で何文字目から何文字分を置き換えるかを指定します。最後の引数［置換文字列］に置き換え後の文字列を指定します。

なお、特定の文字を探して置き換える場合は、レッスン58で紹介するSUBSTITUTE関数を利用します。

引数

文字列	置き換える対象の文字列かセルを指定します。
開始位置	置き換える文字の開始位置を指定します。
文字数	置き換える文字数を指定します。
置換文字列	置き換え後の文字列か文字列が入力されたセルを指定します。文字列を指定するときは「"」でくくります。

🔗 関連する関数

SUBSTITUTE　　　　　　　　P.166

☀ 使いこなしのヒント

REPLACE関数はどんな文字でも置き換わる

REPLACE関数は、文字位置を指定して置き換えるため、置き換える文字がどんな文字であっても関係なく、新しい文字に置き換わります。特定の文字だけを置き換えたいならSUBSTITUTE関数（レッスン58）を使います。

使用例 商品名の7文字目から4文字分を置き換える

=REPLACE(B3, 7, 4, "basic")

文字列　開始位置　文字数　置換文字列

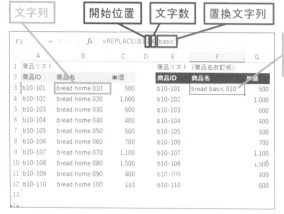

商品名に含まれる「home」を「basic」に置き換えられる

ポイント

文字列　　　元の文字列があるセルB3を指定します。

開始位置　　7文字目からの「home」を置き換えるので「7」を指定します。

文字数　　　「home」の4文字を置き換えるので「4」を指定します。

置換文字列　「home」を「basic」に置き換えるので「"basic"」を指定します。

使いこなしのヒント

指定した位置の文字列を削除できる

REPLACE関数は、指定した位置の文字を削除する場合にも利用できます。その場合、引数［置換文字列］に「""」を指定します。「""」は、文字が何もない状態を表すので、結果的に指定した位置の文字が削除されます。

4文字目を削除する（セルE3の式）
リプレース
=REPLACE(A3, 4, 1, "")

引数［置換文字列］に「""」を指定すると文字が削除できる

58 文字列を検索して置き換えるには

SUBSTITUTE

特定の文字を探して別の文字に置き換えるときは、SUBSTITUTE関数を利用します。文字列に含まれる特定の文字を探して置き換えてくれるので、さまざまな処理に役立ちます。

文字列操作　　　　　　　　　　対応バージョン 365 2021 2019 2016

文字列を検索して置き換える

サブスティテュート
=**SUBSTITUTE**(文字列,検索文字列,置換文字列,
置換対象)

SUBSTITUTE関数は、指定した文字を探して、ほかの文字に置き換えます。検索する文字が複数あるとき、何番目の文字列を置換するかを選ぶこともできます。

引数

文字列	置き換える対象の文字列かセルを指定します。引数に文字を指定するときは「"」でくくります。
検索文字列	引数［文字列］の中で検索する文字を指定します。
置換文字列	置き換え後の文字列を指定します。
置換対象	引数［検索文字列］に合致する文字が複数あるとき、何番目を置換するかを指定します。省略した場合は、引数［検索文字列］で指定した文字列がすべて置換されます。

🔗 関連する関数

REPLACE	P.164	LEN	P.168
LEFT	P.156		

練習用ファイル ▶ L058_SUBSTITUTE.xlsx

使用例 **「(株)」を「株式会社」に置き換える**　　セルC3の式

=SUBSTITUTE(B3,"(株)","株式会社")

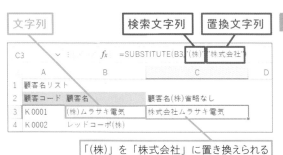

文字列　　　　　　検索文字列　　置換文字列

⚠ ここに注意

SUBSTITUTE関数は、大文字と小文字、全角と半角を区別します。引数[検索文字列]に指定した文字が大文字なら大文字を検索します。完全に一致する文字を指定する必要があります。

「(株)」を「株式会社」に置き換えられる

ポイント

文字列	元の文字列が入力されているセルB3を指定します。
検索文字列	置き換え前の文字「(株)」を「"」でくくって指定します。
置換文字列	置き換え後の文字「株式会社」を「"」でくくって指定します。
置換対象	「(株)」が複数含まれることはないものとし省略します。

🌟 使いこなしのヒント

特定の文字を探して削除できる

SUBSTITUTE関数は文字を置き換える関数ですが、文字を削除する関数としても使えます。削除したい文字を引数[文字列]に指定し、置換後の文字として[置換文字列]に「""」を指定します。「""」は何もないことを表すので、結果的に文字を削除することができます。

電話番号の「-」が削除された

電話番号の「-」を削除する（セルC3の式）
サブスティテュート
= **SUBSTITUTE(B3,"-","")**

ポイント

文字列	元の文字列が入力されているセルB3を指定します。
検索文字列	置き換え前の文字「-」を「"」でくくって指定します。
置換文字列	置き換え前の文字を削除したいので文字が何もないことを表す「""」を指定します。
置換対象	電話番号に含まれるすべての「-」を対象にしたいので省略します。

できる 167

59 文字数や桁数を調べるには

LEN、LENB

文字列のデータを操作するとき、文字数や桁数が必要になることがあります。
セル内の文字列の長さを調べるには、LEN関数を利用します。

文字列操作　　　　　　　　　　対応バージョン 365 2021 2019 2016

文字列の文字数を求める

レングス
=LEN(文字列)

LEN関数は、引数［文字列］の文字数を表示します。半角と全角は区別せず、
どちらも1文字と換算します。
なお、引数［文字列］に数値を指定した場合、数値の桁数が分かります。表
示形式による「,」や「¥」は、桁数に含まれません。

引数

| 文字列　文字数を調べたい文字列が入力されているセルを指定します。

文字列操作　　　　　　　　　　対応バージョン 365 2021 2019 2016

文字列のバイト数を求める

レングスビー
=LENB(文字列)

半角文字を1バイト、全角文字を2バイトと換算して数える場合は、LENB関数
を使います。半角と全角の文字が混在する場合にも、正確に文字数を調べられ
ます。

引数

| 文字列　バイト数を調べたい文字列が入力されているセルを指定します。

練習用ファイル ▶ L059_LEN.xlsx

使用例1 コード番号の文字数を調べる　　　　セルC3の式

=LEN(B3)

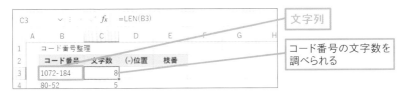

文字列

コード番号の文字数を
調べられる

引数

文字列　コード番号の文字数を調べるのでセルB3を指定します。

練習用ファイル ▶ L059_LENB.xlsx

使用例2 全角文字が含まれていないか調べる　　　　セルD3の式

=LENB(C3)-LEN(C3)

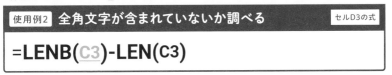

文字列

半角文字以外が使わ
れていると、結果が1
以上になる

引数

文字列　メールアドレスの半角文字数を調べるのでセルC3を指定します。

使いこなしのヒント

RIGHT関数で枝番号を取り出す

使用例1でコード番号の「-」に続く番号
を取り出すには、文字を末尾から取り出
すRIGHT関数（157ページ）を使います。
取り出す文字数は、全体の文字数（LEN
関数）から「-」の位置（FIND関数）を

引いて求めます。

「-」より右の文字を取り出す
ライト
= RIGHT(B3,C3-D3)

60 先頭に0を付けて 桁数をそろえるには

REPT

文字列の桁数を同じにしたいとき、足りない桁に文字を追加する方法があります。任意の文字を繰り返し表示するREPT関数を使えば簡単です。

文字列操作

対応バージョン 365 2021 2019 2016

文字列を指定した回数だけ繰り返す

リピート
=**REPT(文字列,繰り返し回数)**

REPT関数は文字列を指定した数だけ繰り返して表示する関数です。引数 [文字列] に指定した任意の文字を引数 [繰り返し回数] に指定した数だけ繰り返します。ここでは、商品番号の桁数を5桁にそろえるために、5桁に満たない番号の先頭に「0」を繰り返し表示します。

引数

文字列 　　　繰り返し表示する文字列を「"」でくくって指定します。

繰り返し回数　繰り返し表示する回数を指定します。

🔗 関連する関数

LEN　　　　　　　　　　P.168　　LENB　　　　　　　　　　P.168

💡 使いこなしのヒント

異なる桁数を同じ桁数にするには

桁数がバラバラの数値の頭を0で埋めて同じ桁数にするには、各数値の桁数を調べる必要があります。LEN関数で数値の桁数を調べ、揃えたい桁数から引いた値が「0」を繰り返す回数になります。

桁数に合わせて0を付ける（セルC3の式）
リピート
= **REPT("0",5-LEN(B3))**&B3

B列に入力された1桁～3桁の数値が、すべて5桁になった

使用例 **2桁の商品番号の先頭に0を付けて5桁にする** セルC3の式

=REPT("0", 3)&B3

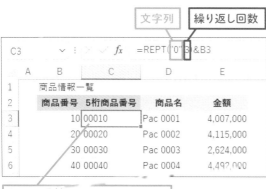

文字列 | 繰り返し回数

| C3 | ✓ : ✓ ✓ fx | =REPT("0",3)&B3 |

	A	B	C	D	E
1		商品情報一覧			
2		商品番号	5桁商品番号	商品名	金額
3		10	00010	Pac 0001	4,007,000
4		20	00020	Pac 0002	4,115,000
5		30	00030	Pac 0003	2,624,000
6		40	00040	Pac 0004	4,492,000

先頭に0を付けて桁数をそろえられる

ポイント

文字列　　　　商品番号の先頭に0を付けたいので「"0"」を指定します。

繰り返し回数　商品番号の先頭に3桁の0を付けたいので「3」を指定します。

🔆 使いこなしのヒント

文字列をつなげて表示するには

セルの内容や計算結果に、指定した文字を追加したいとき、または、異なるセルの内容をつなげたいときには、「&」が利用できます。ここでは、REPT関数で表示した「0」に「商品番号」のデータをつなげるために、REPT関数に続けて「&B3」としています。

🔆 使いこなしのヒント

記号を利用した簡易グラフを作成する

REPT関数を利用して、数値を「★」などの記号に置き換えて繰り返し表示すれば、数値の大小がひと目で分かる簡易グラフを作成できます。下の例では、1〜5のランク表示を「★」に置き換えて表示し、「★」が5つに満たないときには、残りを「☆」で表しています。

ランクを星印で表示できる

ランクを星で表す（セルC2の式）
リピート
=REPT("★", B2)&REPT("☆", 5-B2)

60
REPT

スキルアップ

ふりがなをひらがなや半角カタカナにするには

[ふりがなの設定]ダイアログボックスを利用すれば、PHONETIC関数で取り出したふりがなの文字種を変更できます。以下の手順で[ふりがなの設定]ダイアログボックスを表示し、[種類]から[半角カタカナ]や[ひらがな]を選びます。なお、[ふりがなの設定]ダイアログボックスの[ふりがな]タブにある[配置]や[フォント]タブにある設定項目は、PHONETIC関数の表示内容には影響しません。[ふりがなの表示/非表示]ボタンを利用して、文字の上に表示したふりがなの配置やフォントを変更するときに設定します。

活用編

第6章

データを変換・整形する

ふりがなの設定を変更するセル範囲を選択しておく

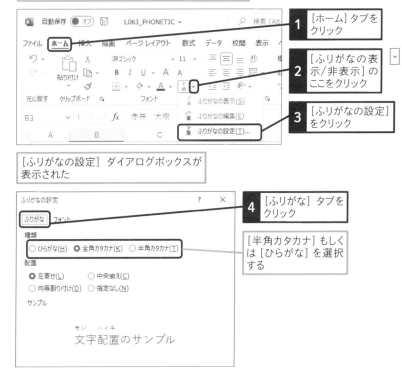

1 [ホーム]タブをクリック

2 [ふりがなの表示/非表示]のここをクリック

3 [ふりがなの設定]をクリック

[ふりがなの設定]ダイアログボックスが表示された

4 [ふりがな]タブをクリック

[半角カタカナ]もしくは[ひらがな]を選択する

活用編

第 7 章

日付や時刻を
自在に扱う

日付や時刻を扱うときは、月や日をまたぐため特別な配慮が必要ですが関数なら簡単です。この章では、日付や時刻の計算や処理を行う関数を紹介します。

61 日付から曜日を表示するには

TEXT

日付が入力されていれば、わざわざカレンダーを見ながら曜日を手入力する必要はありません。表示形式を指定して曜日を表示する方法を紹介します。

文字列操作	対応バージョン 365 2021 2019 2016

数値を指定した表示形式の文字列で表示する

テキスト
=TEXT(値,表示形式)

TEXT関数を利用すれば、数値を表示形式を指定して文字列に変更できます。日付データの場合、引数[表示形式]の設定で曜日の表示にできることを覚えておきましょう。

引数

値　　　　文字列にする値やセルを指定します。

表示形式　書式記号を「"」でくくって指定します。

●TEXT関数で指定する主な書式記号

分類	書式記号	意味	表示形式の指定	表示
数値	#	#の数だけ桁数が指定される。余分な桁は表示されない	####.#	123.45→123.5
	0	指定した0の桁数だけ0が表示される	0000.000	123.45→0123.450
	?	指定した?の桁数に満たないとき、空白が表示される	????.???	123.45→ 123.45
時刻	h	時刻を表す	h hh	09:08:05→9 09:08:05→09
	m	分を表す (hやsと組み合わせて使う)	h:m h:mm	09:08:05→9:8 09:08:05→9:08
	s	秒を表す	s ss	09:08:05→5 09:08:05→05

使用例 **日付に対する曜日を表示する**　　　セルC3の式

=TEXT(B3, "aaa")

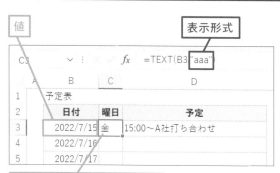

値

表示形式

予定表の日付の曜日が求められる

ポイント

| 値 | 日付データが入力されているセルB3を指定します。 |
| 表示形式 | 曜日を「月」のように1文字で表す表示形式「"aaa"」を指定します。 |

使いこなしのヒント

曜日の表示形式の種類を知ろう

引数［表示形式］に指定する書式記号によって曜日の表示が変わります。下の表を参照してください。

● 曜日の書式記号

表示形式の指定	表示
"aaa"	月
"aaaa"	月曜日
"ddd"	Mon
"dddd"	Monday

分類	書式記号	意味	表示形式の指定	表示
日付	y	西暦の年を表す	yy yyyy	2022/7/1→22 2022/7/1→2022
	m	月を表す	m mm mmm mmmm	2022/7/1→7 2022/7/1→07 2022/7/1→Jul 2022/7/1→July
	d	日付を表す	d dd	2022/7/1→1 2022/7/1→01
	a	曜日を表す	aaa	2022/7/1→金

「**20220801**」を日付データに変換するには

DATEVALUE

日付が8桁の数字で入力してある場合は、日付データとして利用できません。
DATEVALUE関数とTEXT関数を使えば日付データに変換できます。

活
用
編

第
7
章

日付や時刻を自在に扱う

日付／時刻	対応バージョン 365 2021 2019 2016

日付を表す文字列からシリアル値を求める

デートバリュー
=DATEVALUE(日付文字列)

DATEVALUE関数は、日付の文字列をシリアル値に変換します。シリアル値は、
1900年1月1日を「1」として1日に1ずつ増える値です（41ページ参照）。この
値に変換することで、日付データとして扱えるようになります。

引数

日付文字列 「2022/08/01」や「R4.8.1」「2022年8月1日」など、Excel
が日付データと認識する文字列を指定します。

●数値をシリアル値にする

◆数値
「20220801」という数値
として管理されている

◆シリアル値
表示は「2022/08/01」だが、「44774」
というシリアル値で管理されている

TEXT ↘

数値に書式を与えて
文字列に変換する

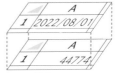

↗ **DATEVALUE**

日付の文字列をシリアル値
に変換する

◆文字列
「2022/08/01」という文字列
として管理されている

使用例 「20220801」を日付のシリアル値に変換する ｜セルC4の式

=DATEVALUE(TEXT(B4,"0000!/00!/00"))

日付文字列

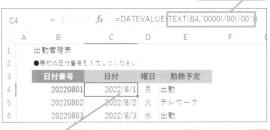

※ 使いこなしのヒント

「!」の意味は?

「!」は、次にくる記号「/」を文字列として表示するという意味があります。

文字列をシリアル値に変換できる

変換されたシリアル値の表示形式が「日付」に設定されていると、日付が表示される

ポイント

> 日付文字列 TEXT関数でセルB4の8桁の数値を「年/月/日」の形に変換した文字列を指定します。

※ 使いこなしのヒント

「2022」「9」「1」を「2022/9/1」にしてシリアル値に変換する

別々のセルに年、月、日の数字が入力されている場合は、まずCONCAT関数（レッスン55）で「年/月/日」の1つの形にします。CONCAT関数は、引数に指定したものを結合して1つのデータにします。そうしておいてDATEVALUE関数で日付として扱えるシリアル値に変換します。

文字列をつないでシリアル値に変換する（セルE4の式）
デートバリュー
= **DATEVALUE(CONCAT(B4,"/",C4,"/",D4))**

「2022」「9」「1」をつないで、シリアル値に変換できる

○営業日後の日付を表示するには

WORKDAY

「○営業日後」の日付は、土日祝日や定休日を除いた○日後のことですが、カレンダーを見て探す必要はありません。WORKDAY関数は、土日を除いた○日後の日付を表示します。

日付／時刻	対応バージョン 365 2021 2019 2016

○営業日後の日付を求める

ワークデイ
=WORKDAY(開始日, 日数, 祭日)

WORKDAY関数は、基準となる日付から土日を除いた、○日後を計算します。別表に祝日や特定の日付を記載して指定すれば、さらにそれらの日も除いて計算できる。

引数［開始日］に基準となる日を指定し、何日後にするか経過を表す日数を引数［日数］に指定します。祝日など、土日以外に除外する日があるときは、それらの日付をデータが入力されている表とは別に記入して引数［祭日］に指定します。

引数

開始日	計算の基準となる日付を指定します。開始日は0日目と数えます。
日数	土日以外の平日で「○日後」とする経過日数を指定します。
祭日	土日以外で祝日や定休日などの特定日を除外したいときに日付を指定します。省略した場合は、土日のみが経過日から除外されます。

🔗 関連する関数

使用例 土日祝日を除く翌営業日の日付を求める　　セルE3の式

=**WORKDAY**(D3, 1, $G$3:$G$18)

開始日　　　　　　　　　　　　　日数

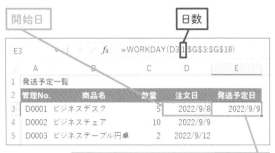

E3			fx	=WORKDAY(D3,1,$G$3:$G$18)
	A	B	C	D	E
1	発送予定一覧				
2	管理No.	商品名	数量	注文日	発送予定日
3	D0001	ビジネスデスク	5	2022/9/8	2022/9/9
4	D0002	ビジネスチェア	10	2022/9/9	
5	D0003	ビジネステーブル円卓	2	2022/9/12	

土日祝日を除く翌営業日の日付を求められる

2022年祝日一覧	祭日
2022/1/1	元日
2022/1/10	成人の日
2022/2/11	建国記念の日
2022/2/23	天皇誕生日
2022/3/21	春分の日
2022/4/29	昭和の日
2022/5/3	憲法記念日
2022/5/4	みどりの日
2022/5/5	こどもの日
2022/7/18	海の日
2022/8/11	山の日
2022/9/19	敬老の日
2022/9/23	秋分の日
2022/10/10	スポーツの日
2022/11/3	文化の日
2022/11/23	勤労感謝の日

☀ 使いこなしのヒント

祝日の表を用意しておこう

WORKDAY関数の引数[祭日]には、土日のほかに計算から除外する日付を指定します。除外したい日付を別途入力し、入力したセル範囲を指定します。

☀ 使いこなしのヒント

開始日からさかのぼって計算するには

引数[開始日]より前の日付を求める場合は、引数[日数]に負の整数を指定します。「-1」とした場合、開始日から土日を除く1日前の日付が計算されます。

ポイント

開始日　注文日を基準となる日付にするのでセルD3を指定します。

日数　　翌営業日（1営業日後）を求めるので「1」を指定します。

祭日　　セルG3 ～ G18の祝日の日付を指定します。ほかの行にも式をコピーするために絶対参照にします。

64 期間の日数を求めるには

DATEDIF

開始日から終了日までの期間を調べるには、DATEDIF関数を使いましょう。結果は、日数や月数、年数など、引数に指定する書式で表示内容を変更できます。

分類なし　　　　　　　　　　　　　　対応バージョン 365 2021 2019 2016

開始日から終了日までの期間を求める

デートディフ
=DATEDIF(開始日, 終了日, 単位)

DATEDIF関数は、引数 [開始日] から [終了日] までの期間を表示します。その際、[開始日] (期間の初日) は1日目に含めないことを覚えておきましょう。期間の表示は、引数 [単位] の指定にしたがい、日数、月数、年数などで表示できます。

引数

開始日　　期間の開始日を指定します。

終了日　　期間の終了日を指定します。

単位　　　期間を表示する形式を書式記号で指定します。

●引数 [単位] の指定方法

[単位]の指定	意味	2022/7/1 〜 2023/7/5 の場合
"Y"	期間内の満年数	1
"M"	期間内の満月数	12
"D"	期間内の満日数	369
"YM"	1年未満の月数	0
"YD"	1年未満の日数	4
"MD"	1カ月未満の日数	4

🔗 関連する関数

NETWORKDAYS　　　　　　P.192　　　TODAY　　　　　　　　　P.92

練習用ファイル ▶ L064_DATEDIF.xlsx

使用例 **入会日からの経過年数を求める**　セルD3の式

=DATEDIF(C3, TODAY(), "Y")

開始日　　　　　　　　　　　終了日　単位

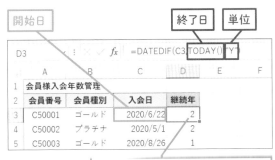

	A	B	C	D	E	F
1	会員様入会年数管理					
2	会員番号	会員種別	入会日	継続年		
3	C50001	ゴールド	2020/6/22	2		
4	C50002	プラチナ	2020/5/1	2		
5	C50003	ゴールド	2020/8/26	1		

D3 | fx | =DATEDIF(C3,TODAY(),"Y")

入会日から今日までの年数が求められる

ポイント

開始日	入会日が入力されたセルC3を指定します。
終了日	今日までの年数を調べたいのでTODAY関数を指定します。
単位	期間を年数で表示するため「"Y"」を指定します。

使いこなしのヒント

DATEDIF関数は関数の一覧に表示されない

DATEDIF関数は、元々Excel以外の表計算ソフトと互換性を保つために用意された関数です。そのため、[数式]タブの[日付/時刻]ボタンの一覧には表示されません。また、関数名の先頭文字を入力して関数を選ぶ機能や[関数の挿入]ダイアログボックスからも入力できないので1文字ずつ間違えないように手入力します。

使いこなしのヒント

「〇年〇ヶ月」の表示にする場合は

「〇年〇ヶ月」は、「〇年」の部分と「〇ヶ月」の部分とで別々のDATEDIF関数で求めます。それらの結果と「年」、「ヶ月」の文字を「&」でつないで表示します。

継続年月を「〇年〇ヶ月」の表示にできた

経過年月を「〇年〇ヶ月」で表示する（セルD3の式）
デートディフ
=DATEDIF(C3, TODAY(),"Y")&
"年"&DATEDIF(C3, TODAY(),
"YM")&" ヶ月 "

D3 | fx | =DATEDIF(C3,TODAY(),

	A	B	C	D
1	会員様入会年数管理			
2	会員番号	会員種別	入会日	継続年月
3	C50001	ゴールド	2020/6/22	2年0ヶ月
4	C50002	プラチナ	2020/5/1	2年2ヶ月

65 月末の日付を求めるには

EOMONTH

月末は、月によって30日だったり、31日だったりします。EOMONTH関数を利用すれば、基準とする日付や期間を指定して月末の日付を正確に求められます。

日付／時刻 　　　　　　　　対応バージョン 365 2021 2019 2016

指定した月数だけ離れた月末の日付を求める

エンド・オブ・マンス
=EOMONTH(開始日, 月)

EOMONTH関数は、月によって異なる月末の日付を表示します。引数［開始日］を基準にし、引数［月］に指定した月数後の月末を表示します。［月］に「1」を指定した場合は、開始日の翌月の月末、「0」を指定した場合は、開始日と同じ月の月末が表示されます。

引数

開始日　基準になる日付を指定します。日付を直接指定する場合は「"2022/7/1"」のように「"」でくくります。

月　　　［開始日］の日付から何カ月離れているかを数値で指定します。同じ月なら「0」、翌月なら「1」を指定します。

💡 使いこなしのヒント

開始日より前の月末の日付を表示するには

引数［月］に負の整数を指定します。開始日の前月の月末を表示するときは、「-1」を指定します。

🔗 **関連する関数**

DATE	P.186	EDATE	P.184
DAY	P.187		

使用例 **受注日と同じ月の月末を表示する** セルD3の式

=EOMONTH(C3, 0)

開始日

月

D3 ✓ : ✓ fx =EOMONTH(C3,0)

	A	B	C	D
1	請求書発行チェック			
2	**顧客名**	**金額**	**受注日**	**請求日**
3	SMA機械工業	200,000	2022/6/19	2022/6/30
4	エクセルン商事	180,000	2022/6/20	2022/6/30
5	オフィスEX株式会社	300,000	2022/7/9	2022/7/31

当月末の日付が求められる

ポイント

開始日	受注日を基準にするためにセルC3を指定します。
月	同じ月の月末を表示するので「0」を指定します。

☀ 使いこなしのヒント

日付により当月か翌月の月末を表示する

受注日が20日以前なら当月、21日以降なら翌月の月末にするには、結果を2通りにすることができるIF関数を使用します。IF関数では、受注日の日にちが20日以前かどうかを判定しますが、受注日の日にちのみを取り出すDAY関数を使った条件式を指定します。

D3 ✓ : ✓ fx =IF(DAY(C3)<=20,EOMONTH(C3,0),EOMON...

	A	B	C	D	E
1	請求書発行チェック				
2	顧客名	金額	受注日	請求日	
3	SMA機械工業	200,000	2022/6/19	2022/6/30	

受注日に応じて当月末か翌月末の日付を表示できる

☀ 使いこなしのヒント

月初を表示するには

月初の1日をEOMONTH関数で表示するには、前月の月末をEOMONTH関数で求め、1日を足します。2022/6/19を基準にして、翌月の月初(2022/7/1)を表示する場合は、「=EOMONTH("2022/6/19",0)+1」とします。

受注日が20日以前なら当月末、21日以降なら翌月末を求める(セルG3の式)

= **IF(DAY(C3)<=20,EOMONTH(C3,0), EOMONTH(C3,1))**

ポイント

論理式	受注日の日の数値だけをDAY関数で取り出し、「DAY(C3)<=20」で「20日以前」という条件を指定します。
真の場合	20日以前の場合、当月の月末を表示する「EOMONTH(C3,0)」を指定します。
偽の場合	21日以降の場合、翌月の月末を表示する「EOMONTH(C3,1)」を指定します。

65

EOMONTH

66 1カ月後の日付を表示するには

EDATE

1カ月後の同じ日付は、月によって30や31を足せば求められますが、EDATE関数を利用すれば○カ月後、あるいは○カ月前の日付を表示できます。

日付／時刻　　　　　　　　対応バージョン [365] [2021] [2019] [2016]

指定した月数だけ離れた日付を表示する

エクスパイレーション・デート

=EDATE(開始日, 月)

EDATE関数は、引数[開始日]から指定した月数後、月数前の同じ日付を表示します。例えば、[開始日]を「2022/3/10」に指定し、[月]を「1」に指定した場合、1カ月後の「2022/4/10」が表示されます。

引数

開始日　　起点となる日付を指定します。

月　　　　プラスの整数を指定した場合は、○カ月後の同じ日付が表示されます。

　　　　　マイナスの整数を指定した場合は、○カ月前の同じ日付が表示されます。

🔗 **関連する関数**

EOMONTH	P.182	WORKDAY	P.178
NETWORKDAYS	P.192		

練習用ファイル ▶ L066_EDATE_1.xlsx

使用例1 翌月の同じ日付を表示する　　　　　　　セルB8の式

=EDATE(D1, 1)

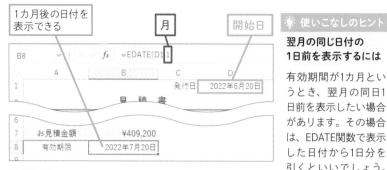

1カ月後の日付を表示できる

月

開始日

使いこなしのヒント

**翌月の同じ日付の
1日前を表示するには**

有効期間が1カ月というとき、翌月の同日1日前を表示したい場合があります。その場合は、EDATE関数で表示した日付から1日分を引くといいでしょう。「=EDATE(D1,1)-1」とすると、翌月の同じ日から1日前の日付を求められます。

引 数

開始日　発行日を基準にするためにセルD1を指定します。

月　　　発行日の翌月の同じ日にちを表示するので「1」を指定します。

練習用ファイル ▶ L066_EDATE_2.xlsx

使用例2 更新期限の1カ月前の日付を表示する　　　セルD4の式

=EDATE(C4, -1)

開始日　　　　　　　　　　　　月

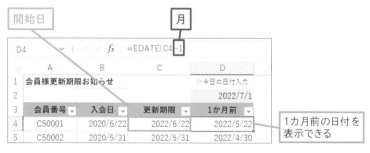

**1カ月前の日付を
表示できる**

引 数

開始日　更新期限日を基準にするためにセルC4を指定します。

月　　　発行日の前月の同じ日にちを表示するので「-1」を指定します。

年、月、日を指定して日付を作るには

DATE

日付の年、月、日が別々に数値として入力されている場合、そのままでは日付データとして利用できません。DATE関数で別々の数値を日付データに変換します。

日付／時刻　　　　　　　　　　対応バージョン 365 2021 2019 2016

年、月、日から日付を求める

デート
=**DATE(年, 月, 日)**

DATE関数は、年、月、日の数値を日付データとして使える「シリアル値」に変換します。

例えば、年月日が「2022」「7」「1」と別々のセルに入力されていたとします。これを「2022/7/1」というように、日付として認識できる形式にするときDATE関数を使います。

引 数

年　　日付の年にする数値やセルを指定します。

月　　日付の月にする数値やセルを指定します。

日　　日付の日にする数値やセルを指定します。

使いこなしのヒント

シリアル値って何?

シリアル値は、日付として扱えるデータのことです。「2022/7/1」のように決められた形式で入力したデータはシリアル値になり、日付の計算が可能です。詳しくは**レッスン06**の41ページを参照してください。

関連する関数

EDATE　　　　　　　　　　P.184　　TIME　　　　　　　　　　P.188

使用例 数値から日付データを作る セルA5の式

=DATE(A2, A3, 1)

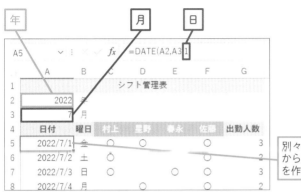

年 | 月 | 日

別々のセルの年、月から月の最初の日付を作成できる

ポイント

年	年の数値が入力されたセルA2を指定します。
月	月の数値が入力されたセルA3を指定します。
日	月の最初の日付を作成したいので「1」を指定します。

🔆 使いこなしのヒント

「2022/7/1」を年、月、日にバラバラにするには

DATE関数は、バラバラの数値から日付データを作成しますが、逆に「2022/7/1」の日付を年、月、日にバラバラにして取り出すには、以下のYEAR関数、MONTH関数、DAY関数を使います。

日付から年を求める
= **YEAR**(シリアル値)

日付から月を求める
= **MONTH**(シリアル値)

日付から日を求める
= **DAY**(シリアル値)

68 別々の時、分を時刻に直すには

TIME

時刻が「00:00:00」の形式で入力されていれば、時刻どうしの計算に利用できます。しかし、時、分、秒が別のセルにあるときはTIME関数で時刻の形式に変更します。

日付／時刻	対応バージョン 365 2021 2019 2016

時、分、秒から時刻を求める

タイム
=TIME(時, 分, 秒)

別々に入力された時、分、秒の数値を時刻データと認識できる形式に変換します。時刻データとして認識されるのは、「00:00:00」の形式ですが、このように入力するのが面倒な場合は、時、分、秒をそれぞれ数値として入力し、後からTIME関数で時刻データにするといいでしょう。

引数

時　　時を表す数値やセルを指定します。

分　　分を表す数値やセルを指定します。

秒　　秒を表す数値やセルを指定します。

使いこなしのヒント

「2022/7/1」を年、月、日にバラバラにするには

別々の時、分、秒を時刻データにするのとは逆に、時刻データを時、分、秒に分けるには、HOUR関数、MINUTE関数、SECOND関数を使います。いずれも引数には、時刻を指定します。時刻データが入力されたセルのほか、時刻データを直接指定しても構いません。その場合は、数値を「"」でくくります。

時刻から時を求める
アワー
= **HOUR(** シリアル値 **)**

時刻から分を求める
ミニット
= **MINUTE(** シリアル値 **)**

時刻から秒を求める
セカンド
= **SECOND(** シリアル値 **)**

練習用ファイル ▶ L068_TIME.xlsx

使用例 **時と分の数値を時刻に直す**　　　セルE4の式

=TIME(C4, D4, 0)

時　　　　分　　　　秒

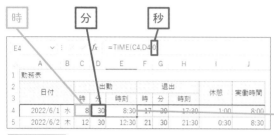

別々の時と分を
時刻に直せる

ポイント

時　　時として入力されている数値のセルC4を指定します。

分　　分として入力されている数値のセルD4を指定します。

秒　　秒の数値はないものとし「0」を指定します。

☀ 使いこなしのヒント

日付や時刻の表示形式を変更するには

日付や時刻データは、[セルの書式設定] ダイアログボックスを利用して表示形式を変更できます。[セルの書式設定] ダイアログボックスには [日付] や [時刻] などの分類があり、[種類] に表示された項目を選ぶだけで表示形式を変更できます。日付の場合は「2022/7/1」などと入力したセルを選択し、下の手順で操作しましょう。なお、[種類] に表示される

[*2012/3/14] や [*2012年3月14日] などをクリックすると、[サンプル] に変更後の表示形式が表示されるので、[サンプル] の内容を確認しながら操作を進めるようにするといいでしょう。また「*」が表示されている項目は、Windowsが管理している日時設定に準拠します。Windowsの設定を日本以外の地域に変更すると、それに合わせて表示が変わります。

1 [Ctrl]+[1]キーを押す　　**2** [表示形式]タブをクリック

[セルの書式設定] ダイアログ
ボックスが表示された

3 [日付]をクリック

一覧から表示形式を選択する

69 土日を判定するには

WEEKDAY

「平日と土日で金額を変更して計算したい」というときは、まずは曜日を調べます。
WEEKDAY関数を使って日付に該当する曜日を調べる方法を学びましょう。

活用編 第7章 日付や時刻を自在に扱う

日付／時刻　　　　　　　　　対応バージョン 365 2021 2019 2016

日付から曜日の番号を取り出す

ウィークデイ
=WEEKDAY(シリアル値, 種類)

WEEKDAY関数では、引数 [シリアル値] に指定した日付の曜日を調べられます。
結果は、引数 [種類] に指定する番号（1 ～ 17）により異なります。
結果は数値で表されるので、IF関数と組み合わせて曜日を判定するといいでしょ
う。結果は0 ～ 6、または1 ～ 7の数値で表示されるので、IF関数などを使い
曜日を判定します。

引数

シリアル値　　曜日の基準となる日付を指定します。

種類　　　　　曜日の表示方法を1 ～ 17の数値で指定します。

●引数 [種類] の指定方法

[単位]の指定	意味
1	日曜～土曜を1 ～ 7の数値で表す
2	月曜～日曜を1 ～ 7の数値で表す
3	月曜～日曜を0 ～ 6の数値で表す
11	月曜～日曜を1 ～ 7の数値で表す
12	火曜～月曜を1 ～ 7の数値で表す
13	水曜～火曜を1 ～ 7の数値で表す
14	木曜～水曜を1 ～ 7の数値で表す
15	金曜～木曜を1 ～ 7の数値で表す
16	土曜～金曜を1 ～ 7の数値で表す
17	日曜～土曜を1 ～ 7の数値で表す

※ 使いこなしのヒント

土日を判定する

WEEKDAY関数の結果
が土日かどうかを判定
するとき、引数 [種類]
を「2」に指定すると、月
曜から日曜を1 ～ 7（土
曜=6、日曜=7）で表す
ので、WEEKDAY関数の
結果が「6以上」なら土
日と判定できます。

練習用ファイル ▶ L069_WEEKDAY.xlsx

使用例 土日なら金額を1500円、平日なら1200円にする セルC3の式

=IF(WEEKDAY(A3, 2)>=6,1500,1200)

土日なら金額を1500円、平日なら1200円と表示できる

ポイント

シリアル値　日付が入力されているセルA3を指定します。

種類　　　土日（WEEKDAY関数の結果が6以上）を1500円とするため、月曜〜日曜を1〜7で表す「2」を指定します。

使いこなしのヒント

祝日はどうやって調べる

日付が祝日かどうかを調べる関数はありません。そこで、IF関数（レッスン25）を使い「土日」か「祝日」なら「1500」を表示し、どちらでもないなら「1200」を表示します。まず、IF関数に指定する条件は、「土日」、「祝日」の2つをOR関数（レッスン51）でまとめて指定します。OR関数のどちらかの条件が満たされていれば「1500」が表示されます。OR関数で指定する条件は、WEEKDAY関数の結果が6以上（つまり、土日である）とCOUNTIF関数（レッスン42）で祝日一覧に同じ日付があるかを数え、その結果が1（つまり、祝日である）の2つです。

土日か祝日なら1500を表示し、どちらでもないなら1200を表示する（セルC3の式）

=IF(OR(WEEKDAY(A3,2)>=6,COUNTIF($G$3:$G$18,A3)=1),1500,1200)

土日か祝日とそれ以外で異なる結果が表示された

70 土日祝日を除く日数を求めるには

NETWORKDAYS

土日と祝日を除いて日数を数えるには、NETWORKDAYS関数を使います。NETWORKDAYS関数は、何も指定しなくても土日を除いて日数を数える関数です。

日付／時刻　　　　　　　　　　　　対応バージョン 365 2021 2019 2016

土日祝日を除外して期間内の日数を求める

ネットワークデイズ
=NETWORKDAYS(開始日, 終了日, 祭日)

NETWORKDAYS関数は、開始日から終了日の期間の土日を除く日数を数えます。祝日や定休日などの特定の日を除くことも可能です。

引数［開始日］と［終了日］を指定するだけで、土日を除く日数が表示されますが、土日以外に除きたい日付がある場合は、引数［祭日］を指定しましょう。

引数

開始日　期間の最初の日付を指定します。

終了日　期間の最後の日付を指定します。

祭日　期間から土日以外に除外する日付を指定します（省略可）。

☀ 使いこなしのヒント

祭日を直接指定するには

引数［祭日］には、あらかじめ日付を入力したセル範囲を指定するほかに、1つの日付を直接指定できます。例えば、2022 /7/1を除外したい場合には、「=NETWORKDAYS(開始日,終了日,"2022/7/1")」のように日付を「"」でくくって指定します。

🔗 関連する関数

DATEDIF　　　　　　　P.180　　WORKDAY　　　　　　　P.178

使用例 **土日を除く営業日の日数を求める** セルC3の式

=NETWORKDAYS(A3, EOMONTH(A3, 0))

開始日 終了日

期間内で土日を除いた
営業日数が求められる

ポイント

開始日	期間の最初の日付「2022/4/1」（表示形式により2022年4月と表示）が入力してあるセルA3を指定します。
終了日	[開始日]に指定した月の月末の日付を求めるためにEOMONTH関数を指定します。
祭日	省略します。

使いこなしのヒント

月ごとの営業日の日数を求めるには

開始日は「1日」の日付（ここではA列）、終了日はEOMONTH関数による月末を指定します。祝日も除くため、祝日の日付のセル範囲を指定します。なお、A列には「2022/4/1」と1日の日付が入力してあり、表示形式により「2022年4月」の表示にしてあります。

月ごとの営業日数を求める（セルC3の式）

ネットワークデイズ
=NETWORKDAYS(A3, EOMONTH(A3,0), $F$3:$F$18)

1日から月末で土日と祝日を除いた営業日数が求められる

スキルアップ

除外する週末が土日以外のときには

NETWORKDAYS関数は、無条件に土日を除いて日数を数えますが、除外したいのがほかの曜日のときには、NETWORKDAYS.INTL関数を利用しましょう。引数［週末］に除外する曜日を示す番号か文字列を指定します。

指定した曜日を除外して期間内の日数を求める

ネットワークデイズ・インターナショナル
=NETWORKDAYS.INTL(開始日,終了日,週末,祭日)

●引数［週末］の指定方法

引数［週末］の指定	除外される曜日
1または省略	土曜日と日曜日
2	日曜日と月曜日
3	月曜日と火曜日
4	火曜日と水曜日
5	水曜日と木曜日
6	木曜日と金曜日
7	金曜日と土曜日
11	日曜日のみ
12	月曜日のみ
13	火曜日のみ
14	水曜日のみ
15	木曜日のみ
16	金曜日のみ
17	土曜日のみ
文字列 （1と0の7桁）	月曜日から日曜日までを1と0の7桁で表示。 1が除外する曜日を表す
（例） "1010000"	（例） 月曜日と水曜日を除外

活用編

第8章

データを分析・予測する

この章では、データの分析や予測に使う関数を紹介します。分析や予測の関数は、目的をはっきりさせて使うのがポイントです。何を知るための関数なのかを理解して使ってみましょう。

71 順位を求めるには

RANK.EQ

指定した範囲に順位を付けるには、RANK.EQ関数を使います。ここでは、商品ごとの売上金額に順位を付け、売れ筋商品を見極めます。

統計 対応バージョン 365 2021 2019 2016

順位を求める

ランク・イコール
=**RANK.EQ**(数値, 参照, 順序)

RANK.EQ関数は、順位を調べたいときに使う関数です。引数 [参照] に指定した集団全体の中で [数値] が何番目になるかを調べます。なお、RANK.EQ関数では、同じ数値には同順位が表示されます。2位の数値が複数ある場合は、1位、2位、2位、4位というように順位付けされます。

引数

数値 順位を知りたい値。ここで指定する値は、引数 [参照] に含まれている必要があります。

参照 順位を決める集団の範囲を指定します。

順序 降順に順位を付ける場合は「0」(省略可)、昇順に順位を付ける場合は「1」を指定します。

🔗 **関連する関数**

LARGE	P.118	SMALL	P.119

💡 **使いこなしのヒント**

大きい順に順位を付けるには

数値の大きい順(降順)に順位を付ける場合、引数 [順序] に「0」を指定するか、引数 [順序] そのものを省略します。

使用例 **売上の高い順に順位を付ける**　　　セルC3の式

=RANK.EQ(B3, $B$3:$B$11, 0)

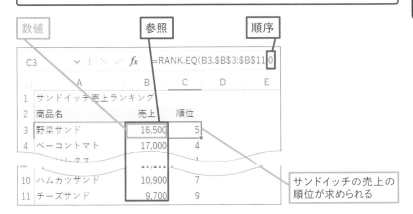

数値　　　　　　　参照　　　　　　　　順位

C3		∨ : × ✓ fx	=RANK.EQ(B3,$B$3:$B$11,0)		
	A	B	C	D	E
1	サンドイッチ売上ランキング				
2	商品名	売上	順位		
3	野菜サンド	16,500	5		
4	ベーコントマト	17,000	4		
~	~カツサ~		1		
10	ハムカツサンド	10,900	7		
11	チーズサンド	9,700	9		

サンドイッチの売上の順位が求められる

ポイント

数値　順位を知りたい売上金額があるセルB3を指定します。

参照　順位を決める集団のセル範囲（B3:B11）を絶対参照にして指定します。

順序　売上金額の高い順に順位を付けるため「0」を指定します。

使いこなしのヒント

同率順位を平均値で表示できる

順位を求める関数には、RANK.AVG関数もあります。RANK.AVG関数では、同率順位があった場合、順位の平均値が表示されます。例えば、2位と3位の数値が同じ場合、「(2位＋3位)÷2」の計算で順位の平均を求め、結果を1位、2.5位、2.5位、4位と表示します。

順位を求める（同じ値は順位の平均値を表す）

ランク・アベレージ
=RANK.AVG(数値, 参照, 順序)

引数

数値	順位を知りたい値を指定します。
参照	順位を決める範囲を指定します。
順序	降順に順位を付ける場合は「0」、昇順に順位を付ける場合は「1」を指定します。

72 標準偏差を求めるには

STDEV.P

標準偏差は、STDEV.P関数で求めることができます。標準偏差とは、数値のばらつきを評価する値のことで、偏差値を求める場合に必要です。

活用編

第**8**章　データを分析・予測する

統計　　　　　　　　　　　　　　対応バージョン 365 2021 2019 2016

標準偏差を求める

スタンダード・ディビエーション・ピー
=STDEV.P(数値1, 数値2, …, 数値254)

標準偏差を求めるSTDEV.P関数では、引数に集団の数値のセル範囲を指定します。空白セルや文字列、論理値が含まれている場合は、無視されます。

引数

| 数値 | 数値、またはセル、セル範囲を指定します。 |

●標準偏差とは

標準偏差とは、数値のばらつきを示す値です。例えば、10、20、30、40、50の標準偏差は「14.14……」です。もしすべてが10なら標準偏差は「0」になり、数値が低いほどばらつきは少ないと判定します。

標準偏差の値は、同じように数値のばらつきを表す「分散」（**レッスン77参照**）の平方根（ルート）をとったものです。「分散」は、各数値から平均値を引き、それぞれを2乗し、それらの平均を求めたものですが、2乗しているため、数値の単位が変わってしまいます。標準偏差は、2乗した値を平方根で戻すことで、数値に合わせた単位となり「分散」より分かりやすい値になります。試験の点数から標準偏差を求める場合は、次のような式になります。

$$標準偏差 = \sqrt{\frac{(個々の得点-平均点)^2 の総和}{全生徒数}}$$

$$分散 = \frac{(個々の得点-平均点)^2 の総和}{全生徒数}$$

使用例 **試験の点数のばらつき度合いを調べる**　　　セルC16の式

=**STDEV.P(C3:C14)**

72

数値

C16		✓ : ✕ ✓ *fx*	=STDEV.P(C3:C14)		
	A	B	C	D	E
1	試験成績表				
2	No.	氏名	総合点		
3	1	新庄 加奈	190		
4	2	野口 勇人	182		
13	11	松本 美佐	154		
14	12	小林 拓海	165		
15		平均点	172.3333		
16		標準偏差	16.18		

試験成績の標準偏差が求められる

ポイント

数値　　　点数のセル範囲（C3:C14）を指定します。

使いこなしのヒント

サンプルによる標準偏差を求めるには

レッスンで紹介したSTDEV.P関数は、対象のデータ全体から標準偏差を求めますが、すべてのデータを対象にするのが困難な場合は、抽出したサンプル（標本データ）から標準偏差を推定します。このときに利用するのは、STDEV.S関数です。標本データの標準偏差は、データ全体の標準偏差より小さい値に偏りがちなことが分かっています。STDEV.S関数は、それを補正して計算し推定値とします。

標本データから標準偏差を推定する
スタンダード・ディビエーション・エス
=**STDEV.S(数値1,
数値2,…, 数値254)**

引数

数値　　数値、またはセル、セル範囲を指定します。

できる 199

73 偏差値を求めるには

STANDARDIZE

偏差値は、複雑な公式で求めますが、その一部はSTANDARDIZE関数に置き換えられます。平均値と標準偏差の値を利用して偏差値を計算しましょう。

統計　　　　　　　　　　　　　　対応バージョン 365 2021 2019 2016

標準化変量を求める

=**STANDARDIZE(値,平均値,標準偏差)**

（スタンダーダイズ）

STANDARDIZE関数は、「標準化変量」を求める関数です。「標準化変量」は、単位や基準の異なる値を共通の基準になるように「標準化」したものです。STANDARDIZE関数の引数には、標準化したい「値」、「平均値」、「標準偏差」を指定しますが、平均値、標準偏差はあらかじめ計算しておく必要があります。「偏差値」は、STANDARDIZE関数で求めた「標準化変量」を利用して求めます。

引数

値　　　　標準化したい値を指定します。

平均値　　母集団の平均値。AVERAGE関数で求められます。

標準偏差　母集団の標準偏差。STDEV.P関数で求められます。

🔆 使いこなしのヒント

標準化変量について

「標準化変量」は、基準の異なる数値を比較するとき利用します。例えば、国語と数学の点数を比較してもどちらが良い成績かは判断しかねます。国語と数学の点数をそれぞれの平均点、標準偏差から「標準化変量」に変換すれば、基準が統一されて比較可能になります。「標準化変量」は、平均が「0」、標準偏差が「1」となるように「標準化変量＝（値－平均値）÷標準偏差」の式で求めることができますが、これを計算するのがSTANDARDIZE関数です。

活用編 第8章 データを分析・予測する

使用例 **偏差値を求める** セルD3の式

=STANDARDIZE(C3, $C$15, $C$16)*10+50

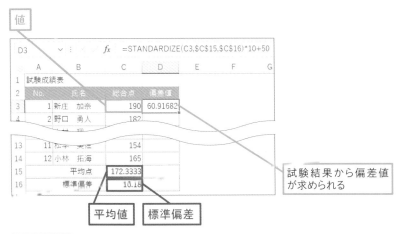

値

	A	B	C	D	E	F	G
1	試験成績表						
2	No.	氏名	総合点	偏差値			
3	1	新庄 加奈	190	60.91682			
4	2	野口 勇人	182				
13	11	松本 実佳	154				
14	12	小林 拓海	165				
15		平均点	172.3333				
16		標準偏差	10.18				

D3 fx =STANDARDIZE(C3,$C$15,$C$16)*10+50

試験結果から偏差値
が求められる

平均値　標準偏差

ポイント

値　　総合点が入力されているセルC3を指定します。

平均値　AVERAGE関数で求めた平均値が表示されているセルC15を指定
します。絶対参照にすることで、コピーしても正しい結果が求
められます。

標準偏差　STDEV.P関数で求めた標準偏差が表示されているセルC16を指
定します。絶対参照にすることで、コピーしても正しい結果が
求められます。

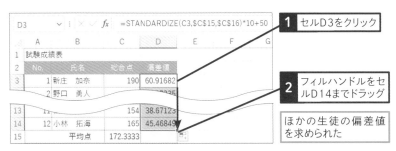

	A	B	C	D	E	F	G
1	試験成績表						
2	No.	氏名	総合点	偏差値			
3	1	新庄 加奈	190	60.91682			
	2	野口 勇人					
13	11		154	38.67123			
14	12	小林 拓海	165	45.46849			
15		平均点	172.3333				

D3 fx =STANDARDIZE(C3,$C$15,$C$16)*10+50

1 セルD3をクリック

2 フィルハンドルをセ
ルD14までドラッグ

ほかの生徒の偏差値
を求められた

74 百分率で順位を表示するには

PERCENTRANK.INC

PERCENTRANK.INC関数は、順位を百分率（パーセント）で表します。全体を100としたとき、順位を知りたい値が全体の何パーセントの位置にあるかが分かります。

統計　　　　　　　　　　　　　　　　　対応バージョン 365 2021 2019 2016

百分率での順位を表示する

パーセントランク・インクルーシブ
=PERCENTRANK.INC(配列, 数値, 有効桁数)

PERCENTRANK.INC関数は、値を順に並べたとき、特定の値が全体の何パーセントの位置にあるかを求めます。結果は小数点以下の数値で表され、最も低い数値の順位は「0」（0%）、最も高い数値の順位は「1」（100%）になります。

引数

配列	百分率順位を決める集団のセル範囲、または配列を指定します。
数値	百分率順位を知りたい値を指定します。
有効桁数	結果の小数点以下の表示桁数を指定します。省略した場合は、「3」が指定され、小数点以下第3位まで表示されます。結果が「0.812」のときは「81.2%」となります。

●結果の見方

PERCENTRANK.INC関数の結果は、最小値が0%、最大値が100%、中央値が50%です。80%以上の結果なら大きい順に並べたときの上位20%内に含まれることが分かります。

順位を付けるにはRANK.EQ関数がありますが、これで求めた例えば「10位」という結果は、「10件中10位」かもしれず、全体の数がわからなければ分析できません。PERCENTRANK.INC関数なら全体の数に関係なく位置を知ることができます。

使用例 **商品ごとの売上に百分率の順位を付ける** セルD3の式

=PERCENTRANK.INC($C$3:$C$15, C3)

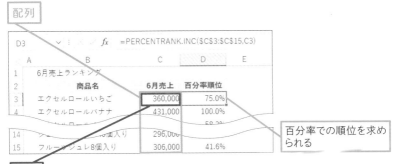

配列

数値

ポイント

配列 　売上金額が入力されているセル範囲（C3:C15）を絶対参照で指定します。

数値 　順位を知りたいセルC3を指定します。

有効桁数 省略します。

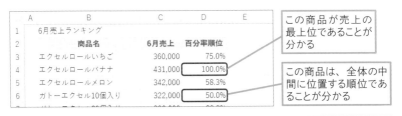

この商品が売上の最上位であることが分かる

この商品は、全体の中間に位置する順位であることが分かる

☀ 使いこなしのヒント

結果をパーセントで表示するには

PERCENTRANK.INC関数では、結果として0 ～ 1の数値が表示されます。これをパーセント表示にするには、セルに「パーセントスタイル」の書式を設定します。

このレッスンの練習用ファイルには、あらかじめセルD3 ～ D15にパーセントスタイルの書式を設定しています。

75 上位20%の値を求める

PERCENTILE.INC

PERCENTILE.INC関数は、上位〇%の数値を取り出します。例えば、試験結果の上位20%を合格にするときのボーダーラインが分かります。

統計　　　　　　　　　　　　　　　対応バージョン 365 2021 2019 2016

百分位数を求める

パ ー セ ン タ イ ル ・ イ ン ク ル ー シ ブ
=PERCENTILE.INC(配列, 率)

PERCENTILE.INC関数は、パーセントで指定した順位の値（分位数）を表示します。引数［配列］にある最小値を0%、最大値を100%とし、引数［率］にあたる数値を取り出します。試験の点数のように数値が大きいほど上位になる場合、上位20%とは、数値の小さい順に0～100%になるPERCENTILE.INC関数では、80%の位置になります。上位20%の値を求める場合、引数［率］に「80%」を指定します。

　　　　　　　　　　　　　　　　　　　　成績上位20%

順位	0%～	20%～	40%～	60%～	80%～	100%
点数の例	62点	68点	72点	77点	86点	90点

引数［率］に「80%」を指定して求める

引 数

配列　順位を決める集団のセル範囲、または配列を指定します。

率　　調べたい順位（百分位）を百分率で指定します。

●分位数について

数値を小さい順に並べ、百分率（0%～100%）で順位を表したものを「百分位」といい、その中の指定した位置の値が「分位数」（百分位数）です。このレッスンでは、0%～100%の中の80%に当たる分位数を調べます。

使用例 **成績上位20%の点数を表示する**　セルE3の式

=PERCENTILE.INC(C3:C22, 0.8)

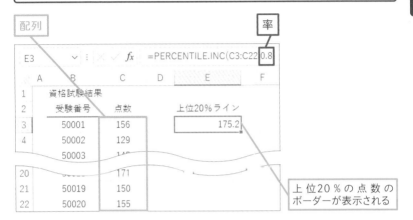

ポイント

配列　点数が入力されているセルC3 ～ C22を指定します。

率　　上位20％を表す、百分位の80％ (0.8) を指定します。「80%」と指定することも可能です。

使いこなしのヒント

上位20%以上に「合格」を表示するには

PERCENTILE.INC関数の結果を利用して、IF関数で上位20%に「合格」の文字を表示します。IF関数の条件には「点数>=セルF3」を指定しますが、セルF3はほかの行にコピーできるよう絶対参照にします。

上位20%以上の点数に「合格」を
表示する (セルD3の式)

=IF(C3>=$F$3,"合格","")

上位20%の点数に「合格」を表示する

	A	B	C	D	E	F
1		資格試験結果				
2		受験番号	点数	判定		上位20%ライン
3		50001	156			175.2
4		50002	129			
5		50003	145			
6		50004	189	合格		
		50005	1			
10		50008	140			
11		50009	155			
12		50010	181	合格		
13		50011	195	合格		
14		50012	165			

76 中央値を求めるには

MEDIAN

平均年収や平均貯蓄額、成績表などで活用するのが中央値です。一部の突出した値によって平均値が実感を伴わないようなときは、中央値の値を求めます。

統計　　　　　　　　　　　　　　対応バージョン 365 2021 2019 2016

数値の中央値を求める

メジアン
=**MEDIAN**(数値1, 数値2, …, 数値255)

MEDIAN関数は、引数［数値］に指定したデータを大きい順や小さい順に並べたとき、ちょうど真ん中に位置する中央値を求める関数です。データの個数が奇数の場合は、中央に位置する値が表示されますが、個数が偶数の場合は、中央に位置する2つの値の平均が表示されます。

引数

| 数値　中央値を求めるデータ群のセル範囲を指定します。

●中央値について

複数のデータの特徴を1つの値で代表して表す場合、よく使われるのが平均値や中央値です。試験結果を見るとき、平均値のみで全体の実力を測れるとは限りません。一部の優秀な生徒によって平均点はつり上がることがあるからです。中央値は、データを数値順に並べたときの中央に位置する値です。突出して高い、あるいは低い値があったとしても、あまり影響を受けないため、全体の実力を実態により近い値で表せる場合があります。

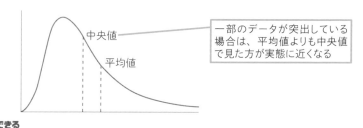

一部のデータが突出している場合は、平均値よりも中央値で見た方が実態に近くなる

練習用ファイル ▶ L076_MEDIAN.xlsx

使用例 試験結果の中央値を求める

セルE3の式

=MEDIAN(B3:B15)

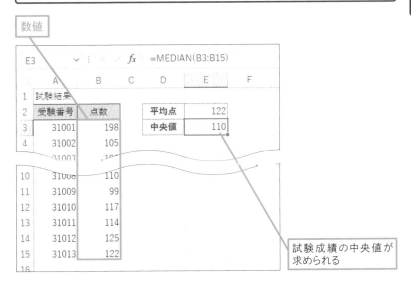

数値

試験成績の中央値が
求められる

ポイント

数値　試験結果の点数のセル範囲（B3:B15）を指定します。

🔆 使いこなしのヒント

文字や空白が含まれているときは

引数 [数値] に指定するセル範囲に、文字列、空白、論理値が含まれている場合　それらは無視されます。なお、数値の「0」は含まれます。

🔆 使いこなしのヒント

TRIMMEAN関数を利用してもいい

TRIMMEAN関数は、データの中の最大値、最小値を除いて平均を求めます。大きく異なる数値を例外と見なし、除外して計算ができるので、より実態に近い平均値を求められます。詳しくは、レッスン80で紹介します。

77 値のばらつきを調べるには

VAR.P

数値のばらつき具合を示す「分散」は、VAR.P関数で調べられます。このレッスンでは、成績表から点数の分散を求め、ばらつきがあるかどうかを確認します。

統計　　　　　　　　　　　　対応バージョン 365 2021 2019 2016

数値の分散を求める

バリアンスピー
=VAR.P(数値1, 数値2, …, 数値254)

VAR.P関数は、数値のばらつき具合を表す指標である「分散」を求めます。引数［数値］に指定した数値を母集団そのものと見なして分散が求められます。結果の値が小さいほどばらつきは少ないと判定します。なお、データを抜き取ったサンプルから分散（不偏分散）を求めるにはVAR.S関数を使います。

引数

数値　分散を求めるデータ群のセル範囲か数値を指定します。

●分散について

「分散」は、数値のばらつきを示す値で、偏差（平均との差）の2乗を合計した値をデータ数で割って求められます。下のグラフはAクラス（左グラフ）とBクラス（右グラフ）の試験結果を、散布図にしたものです。Aクラスの分散は「261.89」、Bクラスの分散は「915.50」という結果でした。Bクラスの方がばらつきが大きく、生徒の学習状況の差が大きいことが読み取れます。

●散布図で表した分散の例

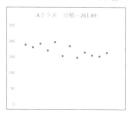

使用例 **試験成績の分散を求める**　　　　　　　セルF18の式

=VAR.P(F3:F14)

F18		∨ : × √ fx	=VAR.P(F3:F14)			数値
	A	B	C	D	E	F
1		試験成績表【Aクラス】			試験成績表【Bクラス】	
2		氏名	総合点		氏名	総合点
3		新庄 加奈	190		西岡 芽衣	159
		野口 重人				
13			154			169
14		小林 拓海	165		滝沢 隆則	114
15		平均点	172.3333		平均点	155
16		中央値	169		中央値	164
17		標準偏差	16.18		標準偏差	30.26
18		分散	261.89		分散	915.50

試験成績の分散を求められる

ポイント

数値　Bクラス全員の点数のセル範囲（F3:F14）を指定します。

使いこなしのヒント

統計でよく利用する不偏分散を求める

分散を求める関数には、引数［数値］を母集団そのものと見なして分散を求めるVAR.P関数と引数［数値］を標本（サンプル）と見なして母集団の分散（不偏分散）を推定するVAR.S関数があります。例えば、クラス全体の分散を求めるならVAR.P関数を利用しますが、全国一斉に実施したテストの場合、すべてのデータを集めるのは不可能です。その場合、無作為に抽出したいくつかのデータを元に

VAR.S関数を使って分散の推定値を求めます。

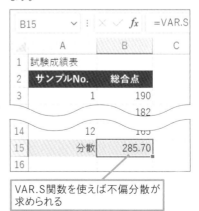

VAR.S関数を使えば不偏分散が求められる

数値の不偏分散を求める
バリアンスエス
=VAR.S(数値 1, 数値 2, …,
数値 254)

78 データの分布を調べるには

FREQUENCY

FREQUENCY関数は、それぞれの数値がどの区間にあてはまるか個数を表す度数分布を調べることができます。Excelのバージョンにより式の入力方法が異なります。

活用編 第8章 データを分析・予測する

統計　　　　　　　　　　対応バージョン 365 2021 2019 2016

区間に含まれる値の個数を調べる

フ　リ　ー　ケ　ン　シ　ー
=FREQUENCY(データ配列, 区間配列)

統計　　　　　　　　　　対応バージョン 365 2021 2019 2016

区間に含まれる値の個数を調べる

フ　リ　ー　ケ　ン　シ　ー
{=FREQUENCY(データ配列, 区間配列)}

FREQUENCY関数では、範囲内の数値をあらかじめ決めた区間にあてはめて個数を集計する度数分布表を作成することができます。ここでは、会員の年齢で年代別に集計します。なお、Excel 2016、2019の場合、FREQUENCY関数の式を入力後、Ctrl + Shift + Enter キーを押し、{} でくくられた配列数式として入力する必要があります。

引数

データ配列　　数値データをセル範囲で指定します。

区間配列　　　数値データを振り分ける各区間の上限値を入力したセル範囲を指定します。

🔗 **関連する関数**

AVERAGE	P.76	MODE.MULT	P.212
MEDIAN	P.206		

使用例 **年代別の会員数を調べる** セルG3の式

=FREQUENCY(<u>B3:B20</u>, <u>F3:F9</u>)

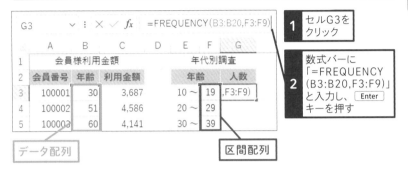

1 セルG3をクリック

2 数式バーに「=FREQUENCY(B3:B20,F3:F9)」と入力し、Enterキーを押す

データ配列

区間配列

ポイント

データ配列 年齢から年代別の人数を調べるため年齢のセル範囲 (B3:B20) を指定します。

区間配列 年代を区切る最大値（10代なら19）が入力されたセル範囲 (F3:F9) を指定します。

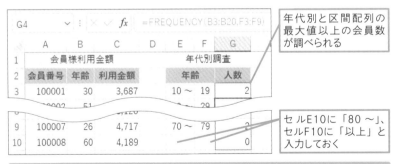

年代別と区間配列の最大値以上の会員数が調べられる

セルE10に「80 ～」、セルF10に「以上」と入力しておく

使いこなしのヒント

区間配列の行数+1の結果が表示される

Excel 2021、Microsoft 365では、セルG3に入力したFREQUENCY関数の結果は複数行になります。区間配列に対する個数のほか、1行追加して（ここではセルG10）、区間配列の最大値以上の個数が表示されます。

79 データの最頻値を調べるには

MODE.MULT

データの中で最も多く出現する数値を最頻値と呼びます。ここではMODE. MULT関数を利用して、アンケート結果からどの回答が一番多いかを調べます。

統計　　　　　　　　　　　　　　　対応バージョン [365] [2021] [2019] [2016]

区間に含まれる値の個数を調べる

モ ー ド ・ マ ル チ
=MODE.MULT(数値1, 数値2, …, 数値254)

統計　　　　　　　　　　　　　　　対応バージョン [365] [2021] [2019] [2016]

複数の最頻値を求める

モ ー ド ・ マ ル チ
{=MODE.MULT(数値1, 数値2, …, 数値254)}

引数に指定した範囲の中で最も多く登場するデータ（最頻値）を調べます。最頻値は1つとは限らず、複数ある場合もあります。それを考慮し、Excel 2019以前では配列数式としてMODE.MULT関数を入力します。Excel 2021、Microsoft 365は、配列数式にする必要はなく、1つの式の入力で結果に応じた個数が表示されます。

引数

数値　最頻値を探したい数値が入力されたセル範囲を指定します。

🔗 **関連する関数**

AVERAGE	P.76	CHOOSE	P.116

使用例 **アンケート結果で最も多い回答を調べる** セルF3の式

=MODE.MULT(C3:C22)

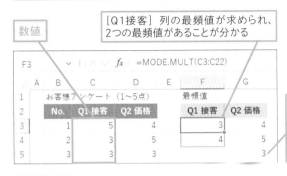

数値

> [Q1接客] 列の最頻値が求められ、
> 2つの最頻値があることが分かる

F3		✓ : ✕ ✓ *fx*	=MODE.MULT(C3:C22)			
	A	B	C	D	E	F	G
1		お客様アンケート（1～5点）				最頻値	
2		No.	Q1 接客	Q2 価格		Q1 接客	Q2 価格
3		1	5	4		3	4
4		2	3	5		4	5
5		3	3	3			3

> セルF3の式をセルG3にコピーすると [Q2価格] 列の最頻値が求められ、3つの最頻値があることが分かる

ポイント

数値 「Q1接客」の点数が入力してあるセル範囲（C3:C22）を指定します。

🔆 使いこなしのヒント

Excel 2019以前のバージョンのときは

Excel 2019以前のバージョンでは、MODE.MULT関数を配列数式として入力します。最頻値が複数ある場合を考慮し、想定する最大数（ここでは5）のセルの範囲を選択して式を入力します。

アンケート結果で最も多い回答を調べる

モード・マルチ
=MODE.MULT(C3:C22)

SORT		✓ : ✕ ✓ *fx*	=MODE.MULT(C3:C22)
	A	B	C	D	E	F
1		お客様アンケート				最頻値
2		No.	Q1 接客	Q2 価格		Q1 接客
3		1	5	4		22)
4		2	3	5		
5		3	3	3		
6		4	2	5		
7		5	1	3		
8		6	4	3		
9		7	4	3		
10		8	2	4		
11		9	3	4		

[Q1接客] 列の最頻値を求める

結果がいくつあるかわからないので、データの数だけセル範囲を選択しておく

1 セルF3 ～ F7を選択

2 数式バーに「=MODE.MULT(C3:C22)」と入力

3 Ctrl + Shift + Enter キーを押す

極端な数値を除いて平均を求めるには

TRIMMEAN

データの中にほかとは異なる、極端に大きい値、もしくは小さい値がある場合、TRIMMEAN関数を使って極端な値を除いて平均を求めてみましょう。

統計　　　　　　　　　　　　対応バージョン 365 2021 2019 2016

数値の中間項平均を求める

トリム ミーン
=TRIMMEAN(配列, 割合)

TRIMMEAN関数は、データの中の大きい値や小さい値を一定の割合で除いて、平均値を求めます。計算から除外する割合は、引数［割合］に小数点以下の数値か「%」の数値で指定します。

引数

配列　平均値を求めるデータが入力されたセル範囲を指定します。除外するデータも含めて選択するのがポイントです。

割合　除外するデータの個数を割合で指定します。100個のデータがあるとき、「0.1」、または「10%」と指定すると、上下合わせて10個のデータが均等に除外されます。

●中間項平均について

中間項平均とは、極端に大きい値、小さい値を一定の割合で除いて求める平均値です。下の例は、次ページの売上をグラフにしたものです。金額が極端に高い、または低い日があることが分かります。このような極端な値を含むデータを除くことで、より実態に近い平均を求めるのが中間項平均です。

7月9日、10日、31日の売り上げが極端に高い

練習用ファイル ▶ L080_TRIMMEAN.xlsx

使用例 **上下それぞれ10%を除外して売上平均を求める** セルE3の式

=TRIMMEAN(C3:C33, 0.2)

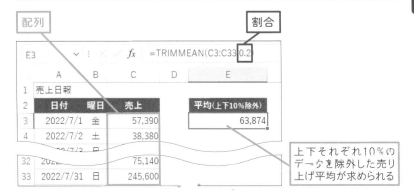

配列

割合

	A	B	C	D	E
1	売上日報				
2	日付	曜日	売上		平均(上下10%除外)
3	2022/7/1	金	57,390		63,874
4	2022/7/2	土	38,380		
	2022/7/3	日			
32	2022		75,140		
33	2022/7/31	日	245,600		

E3　=TRIMMEAN(C3:C33,0.2)

上下それぞれ10%の
データを除外した売り
上げ平均が求められる

ポイント

配列　売上金額の平均値を求めるので、セル範囲（C3:C33）を指定します。

割合　上下それぞれ10％、合わせて20%を除外したいので「0.2」を指定
します。

※ 使いこなしのヒント

「0」などの特定の数値を除外して平均値を求める

数値を指定して除外する場合は、条
件に合うデータを対象に平均を求める
AVERAGEIF関数、またはAVERAGEIFS関
数を利用しましょう。

条件が1つのときには、AVERAGEIF関
数を使います。条件が複数のときは、
AVERAGEIFS関数を使います。右の例で

は、0円より大きい金額のみで平均値を
求めています。

AVERAGEIF関数を使い、0より
大きい値で平均を求める

0を除外して平均値を求める（セ
ルE9の式）

=**AVERAGEIF(C3:C33,
">0", C3:C33)**

E9　=AVERAGEIF(C3:C33,">0",C3:C33)

	A	B	C	D	E	F
1	売上日報					
2	日付	曜日	売上		平均(上下10%除外)	
3	2022/7/1	金	57,390		63,874	
4	2022/7/2	土	38,380			
5	2022/7/3	日	0		平均	
6	2022/7/4	月	56,223		76,060	
7	2022/7/5	火	56,504			
8	2022/7/6	水	38,578		平均(0値を除外)	
9	2022/7/7	木	73,279		84,210	
10	2022/7/8	金	90,095			

81 伸び率の平均を求めるには

GEOMEAN

前年比などの割合の平均を求めたい場合は、GEOMEAN関数で相乗平均を求めます。相乗平均は伸び率の平均と考えるといいでしょう。

統計　　　　　　　　　　　　　　　　対応バージョン　365　2021　2019　2016

数値の相乗平均を求める

ジ　オ　ミ　ー　ン
=GEOMEAN(数値1, 数値2, …, 数値255)

GEOMEAN関数は、相乗平均を求めます。n個のデータがあった場合、すべての値を掛けた値のn乗根で求めます。比率の平均を求める場合に利用します。

引数

> 数値　相乗平均を求めるセル範囲か0より大きい正の値からなる数値を指定します。

●相乗平均とは

一般的に平均というと、値をすべて加えて個数で割る「相加平均」のことを指します。これに対し、値をすべて掛けて個数のべき乗根で求めるのが「相乗平均」です。

例えば、前年比3倍、翌年が2倍と伸びている場合、トータルで3×2＝6倍の伸びです。この平均は、以下の通り。相乗平均で正確な平均が求められることが分かります。

相加平均　$(3+2)\div2=2.5$倍　→　トータルで$2.5\times2.5=6.25$倍

相乗平均　$\sqrt{3\times2}=\sqrt{6}$ 倍　→　トータルで$\sqrt{6}\times\sqrt{6}=6$倍

練習用ファイル ▶ L081_GEOMEAN.xlsx

使用例 **会員数の伸び率の平均を求める**　　　　セルC12の式

=GEOMEAN(C4:C10)

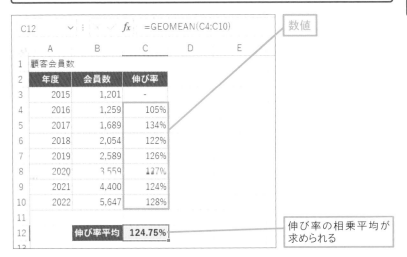

数値

伸び率の相乗平均が
求められる

ポイント

数値　伸び率が表示されているセル範囲（C4:C10）を指定します。

使いこなしのヒント

あらかじめ伸び率を計算しておく

GEOMEAN関数で伸び率の平均を求める
には、あらかじめ伸び率を計算しておく
必要があります。このレッスンの例では、
「今年度会員数÷前年度会員数」で求め
られます。数値を％で表示にするには、
[ホーム] タブにある [パーセントスタイ
ル] ボタンを利用しましょう。

その年の会員数を前年の会員数で
割って伸び率を求めている

82 成長するデータを予測するには

GROWTH

一定のペースで上昇するデータを予測しましょう。GROWTH関数は、指数回帰曲線による予測です。ここでは、順調に伸びているこれまでの売上から将来の売上を予測します。

統計　　　　　　　　　　　　　対応バージョン　365　2021　2019　2016

指数回帰曲線で予測する

$$=\underset{\text{グ　ロ　ー　ス}}{\textbf{GROWTH}}(\text{既知の}y, \text{既知の}x, \text{新しい}x, \text{定数})$$

GROWTH関数は、指定したデータを使用して指数曲線を求め、その線上の値を予測します。引数には、xとyのデータを指定しますが、その関係が「$y=b \times m^x$」（bは係数、mは指数回帰曲線の底）の式に当てはまると考えられる場合に有効です。yが予測の対象です。例えば、売り上げを予測する場合は、過去の売り上げデータを引数［既知のy］とします。

引数

既知の y　すでに分かっている「一定のペースで変化するデータ範囲」を指定します。

既知の x　「$y=b \times mx$」が成り立つ可能性のあるデータ範囲を指定します（省略可）。省略した場合は、「1、2、3……」の配列を指定したと見なされます。

新しい x　予測を求める条件となる値を指定します（省略可）。

定数　　　「TRUE」を指定するか、省略すると、bの値も計算して予測します。「FALSE」を指定すると、bの値を「1」として予測します。

🔗 **関連する関数**

CORREL	P.220	TREND	P.224
FORECAST.LINEAR	P.222		

練習用ファイル ▶ L082_GROWTH.xlsx

使用例 売上を予測する　　　　　　　　　　　　　　セルC13の式

=GROWTH(C3:C12, B3:B12, B13)

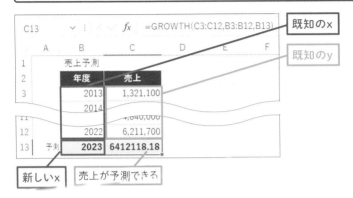

既知のx

既知のy

	A	B	C	D	E	F
1		売上予測				
2		年度	売上			
3		2013	1,321,100			
		2014				
11			4,840,000			
12		2022	6,211,700			
13	予測	2023	6412118.18			

新しいx　売上が予測できる

ポイント

既知の y　これまでの売上金額のセル範囲（C3:C12）を指定します。

既知の x　年度の数値が入力されたセル範囲（B3:B12）を指定します。

新しい x　[既知のx]の新しい値となるセルB13を指定します。

定数　　　省略します。

☀ 使いこなしのヒント

散布図グラフでデータを見極める

予測の元になるデータの変化が曲線的で　化を簡易的に見るだけなら、データのセ
あるか、あるいは直線に近いのかを見極　ル範囲を選択し、散布図グラフを作成し
めるにはグラフが有効です。データの変　ます。

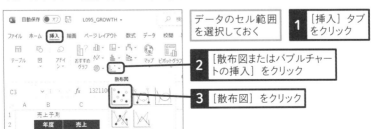

データのセル範囲を選択しておく　┃ 1 [挿入] タブをクリック

2 [散布図またはバブルチャートの挿入] をクリック

3 [散布図] をクリック

83 2つの値の相関関係を調べるには

CORREL

2つのデータ間に相関関係があるかどうかは、データを見ただけでははっきりしません。CORREL関数を使えば、相関性を調べることができます。

統計　　　　　　　　　　　　　対応バージョン 365 2021 2019 2016

2組のデータの相関係数を調べる

コリレーション
=**CORREL**(配列1, 配列2)

CORREL関数は、データの相関係数を調べる関数です。2つのデータに相関関係があるかどうかを調べたいとき、引数 [配列1] と引数 [配列2] に2つのデータを指定して調べます。この関数により表示されるのは、-1 ～ 1までの相関係数です。一般的に1または、-1に近いほど相関性が強いと判断します。

引数

配列1　　相関係数を調べたい2つのデータの一方のデータ範囲を指定します。

配列2　　相関係数を調べたい2つのデータの他方のデータ範囲を指定します。[配列1] と同じデータ数にします。

●相関係数について

一方のデータが変化すると、もう一方も変化する関係が「相関関係」です。散布図グラフでは、プロットされた点が直線的に見えるとき、相関関係があると判定しますが、データにばらつきがあると直線を見い出せず、関係性を判断するのは困難です。CORREL関数なら数値で客観的にとらえられます。

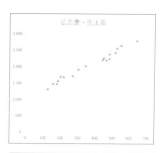

散布図グラフで右上がりか右下がりの直線状になれば、相関関係があると見なせる

練習用ファイル ▶ L083_CORREL.xlsx

使用例 広告費と売上高の相関係数を求める　　　セルF2の式

=CORREL(B3:B20, C3:C20)

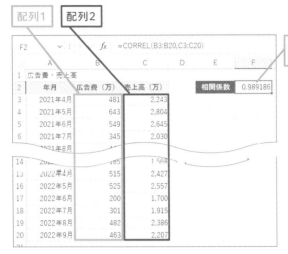

配列1　配列2

広告費と売上高との相関係数を求められる

F2	✓ :	fx	=CORREL(B3:B20,C3:C20)			
	A	B	C	D	E	F
1	広告費・売上高					
2	年月	広告費（万）	売上高（万）		相関係数	0.989186
3	2021年4月	481	2,243			
4	2021年5月	643	2,804			
5	2021年6月	549	2,645			
6	2021年7月	345	2,030			
	2021年8月					
14	20	185	1,568			
15	2022年4月	515	2,427			
16	2022年5月	525	2,557			
17	2022年6月	200	1,700			
18	2022年7月	301	1,915			
19	2022年8月	482	2,386			
20	2022年9月	463	2,207			

ポイント

配列1　「広告費」の数値のセル範囲（B3:B20）を指定します。

配列2　「売上高」の数値のセル範囲（C3:C20）を指定します。

❋ 使いこなしのヒント

相関係数の数値の見方が分からない

CORREL関数で求める相関係数は、-1 ～
1に収まります。1に近いほど「正の相関」
（グラフでは右上がりの直線）が強く、-1
に近いほど「負の相関」（グラフでは右下
がりの直線）が強いと判定します。0に
近いほど相関は弱くなります。明確な基
準はありませんが、以下の値を参考にし
てください。

●相関係数の目安

相関係数（絶対値）	相関の判定
0 ～ 0.2	ほとんど相関なし
0.2 ～ 0.4	弱い相関あり
0.4 ～ 0.7	やや相関あり
0.7 ～ 1	強い相関あり

84 1つの要素を元に予測するには

FORECAST.LINEAR

一方が変わると他方も変わる相関関係にあるデータでは、FORECAST.LINEAR関数による予測が可能です。経費と収益のデータを例に予測します。

統計　　　　　　　　　　　　対応バージョン 365 2021 2019 2016

1つの要素から予測する

フォーキャストリニア
=FORECAST.LINEAR(x, 既知のy, 既知のx)

FORECAST.LINEAR関数は、相関関係にある2つのデータの一方を予測します。2つのデータをxとyで表し、xの変化によりyが変化する関係において、新しいx（引数 [x]）からyを予測します。

引数

x	予測を求めるための条件となる値を指定します。
既知のy	xの変化により影響を受けるデータの範囲を指定します。
既知のx	yに影響するデータ範囲を指定します。

●回帰直線について

相関関係がある2つのデータは「回帰直線」で予測できます。この直線の方程式（単回帰式）「y=ax+b」が求められれば、点が存在しない部分の予測が可能です。この回帰直線上でxに対応するyを求めるのがFORECAST.LINEAR関数です。

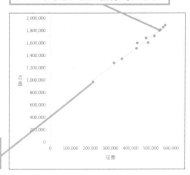

相関関係があるデータを散布図グラフにすると、点が直線的になる

グラフに「線形近似」を追加すると、回帰直線をグラフ内に表示できる

使用例 **売上高を回帰直線で予測する**　　　　　　セルC15の式

=FORECAST.LINEAR(B15, C3:C14, B3:B14)

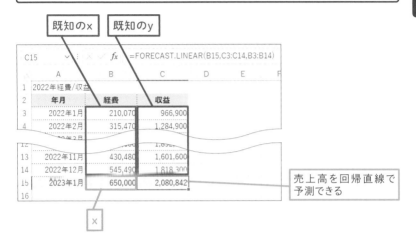

既知のx　　既知のy

C15		✓ fx	=FORECAST.LINEAR(B15,C3:C14,B3:B14)
	A	B	C	D	E	F
1	2022年経費/収益		
2	年月	経費	収益
3	2022年1月	210,070	966,900
4	2022年2月	315,470	1,284,900
12			1,8
13	2022年11月	430,480	1,601,600
14	2022年12月	545,490	1,618,300
15	2023年1月	650,000	2,080,842
16			

売上高を回帰直線で予測できる

ポイント

x　　　　予測の条件となる経費のセルB15を指定します。

既知の y　これまでの収益のセル範囲（C3:C14）を指定します。

既知の x　これまでの経費のセル範囲（B3:B14）を指定します。

✦ 使いこなしのヒント

回帰係数や切片を求める

回帰直線の式「y=ax+b」のaが回帰係数、bが切片です。aの回帰係数は、直線の傾きを表し、SLOPE関数で求められます。bの切片は、xが0のときのyの値を表し、INTERCEPT関数で求められます。なお、これらの関数は、Excelのバージョンに関係なく利用できます。

回帰直線の傾きを求める
スロープ
=**SLOPE(既知の y, 既知の x)**

回帰直線の切片を求める
インターセプト
=**INTERCEPT(既知の y,
既知の x)**

85 2つの要素を元に予測するには

TREND

複数の変数からあるデータを予測するには、TREND関数を利用しましょう。
FORECAST.LINEAR関数と同様に回帰直線の予測を行います。

統計　　　　　　　　　　　　　　対応バージョン 365 2021 2019 2016

2つの要素から予測する

トレンド
=TREND(既知のy, 既知のx, 新しいx, 定数)

TREND関数は、回帰直線（**レッスン84参照**）による予測値を表示します。ある
データに影響を与える変数が複数ある場合に利用します。引数は、xの変化
によりyが変化すると理解し、xに複数の変数を指定します。予測するのは、y
の値です。

引数

既知の y　xの変化により影響を受けるデータの範囲を指定します。

既知の x　yに影響するデータの範囲を指定します。複数のデータを指定す
　　　　　ることが可能です。

新しい x　予測を求めるための条件となるxの範囲を指定します。

定数　　　「TRUE」または省略すると回帰直線の切片を計算して予測しま
　　　　　す。「FALSE」を指定すると切片を「0」として予測します。

活用編　第8章　データを分析・予測する

🔗 **関連する関数**

CORREL	P.220	GROWTH	P.218
FORECAST.LINEAR	P.222		

練習用ファイル ▶ L085_TREND.xlsx

使用例 **広告費とサンプル配布数から売上高を予測する** セルD21の式

=TREND(D3:D20, B3:C20, B21:C21)

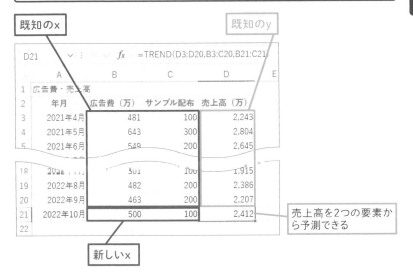

既知のx

既知のy

新しいx

売上高を2つの要素から予測できる

ポイント

既知の y これまでの売上高のセル範囲（D3:D20）を指定します。

既知の x これまでの広告費、サンプル配布のセル範囲（B3:C20）を指定します。

新しい x 予測の条件となる広告費、サンプル配布のセル範囲（B21:C21）を指定します。

定数 省略します。

使いこなしのヒント

FORECAST.LINEAR関数の代わりに使える

TREND関数もFORECAST.LINEAR関数も同じく回帰直線による予測を求めます。FORECAST.LINEAR関数は、1つの変数による予測、TREND関数は、複数の変数に よる予測をしますが、TREND関数の引数 [既知のx] に1つの変数の範囲を指定すれば、同じ結果になります。

スキルアップ

0を除いて中央値を求めたい

MEDIAN関数は、「0」もデータの1つとし、これを含めて中央値を求めます。「0」を含めたくない場合は対象となる数値が0より大きいかIF関数で判定し、0の場合は「FALSE」とします。その結果からMEDIAN関数で中央値を求めます。
なお、Excel 2019以前のバージョンでは、式を入力後、Ctrl + Shift + Enter キーを押し、{} でくくられた配列数式とします。

0を除いて中央値を求める（セルB8の式）

=MEDIAN(IF(B2:B7>0,B2:B7,FALSE))

Excel 2019以前のバージョンの式（セルB8の式）

{=MEDIAN(IF(B2:B7>0,B2:B7,FALSE))}

B8	✓ : × ✓ fx	{=MEDIAN(IF(B2:B7>0,B2:B7,FALSE))}				
	A	B	C	D	E	F
1	日付	売上				
2	2022/8/1	80				
3	2022/8/2	0				
4	2022/8/3	100				
5	2022/8/4	110				
6	2022/8/5	130				
7	2022/8/6	150				
8	0を除く中央値	110				
9						

範囲内の0を無視して中央値を求められる

元の値

| 80 |
| 0 |
| 100 |
| 110 |
| 130 |
| 150 |

IF(B2:B7>0,B2:B7,FALSE)

IF 関数の結果

80	
FALSE	無視される
100	
110	←中央値
130	
150	

活用編

第 9 章

表作成に役立つ
テクニック関数

この章では、関数の使い方に注目します。関数を使うことで、表作成の作業を効率よくします。これまでの章で紹介した関数も含め、条件付き書式との組み合わせなど使い方の例を紹介します。

レッスン

86 常に連番を表示するには

ROW、COLUMN

連番は縦方向に振るならROW関数、横方向に振るならCOLUMN関数で作成できます。作成した連番は、行や列を削除しても欠番が出ることはなく、新しく振り直されます。

検索・行列 対応バージョン 365 2021 2019 2016

セルの行番号を求める

ロウ
=ROW(参照)

ROW関数は、引数［参照］に指定したセルの行番号を表示します。例えば、引数にセルC2を指定すると、結果は「2」になります。

検索・行列 対応バージョン 365 2021 2019 2016

セルの列番号を求める

カラム
=COLUMN(参照)

COLUMN関数は、引数［参照］に指定したセルの列番号を表示します。列番号は、A列を1列目と数えます。例えば、引数にセルC2を指定すると、結果は「3」になります。

引数

参照　列番号を表示するセルを指定します。省略もできますが「()」の入力は必要です。省略した場合は、COLUMN関数を入力したセルの列番号が表示されます。

練習用ファイル ▶ L086_ROW.xlsx

使用例 No.列に連番を自動的に表示する　　　セルB3の式

=ROW()-2

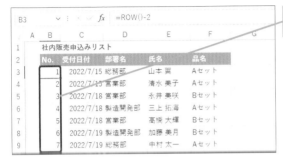

行番号から連番を
簡単に求められる

ポイント

参照　省略。式を入力したセルB3の行番号「3」が結果となります。2を
引いて先頭の番号1になるようにします。

練習用ファイル ▶ L086_COLUMN.xlsx

使用例 行に連番を自動的に表示する　　　セルB2の式

=COLUMN()-1

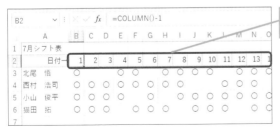

列番号から連番を
簡単に求められる

ポイント

参照　省略。式を入力したセルB2の列番号「2」が結果となります。1を
引いて先頭の番号1になるようにします。

分類ごとに1から
連番を振るには

分類ごとの連番

グループごとに1から始まる連番を振りたいとき、IF関数を使ってみましょう。グループ名をIF関数の条件で見分けて番号を表示します。

練習用ファイル ▶ L087_分類ごとの連番.xlsx

使用例 組ごとに1から始まる連番にする　　　　　　　　　セルB3の式

$$=IF(\underline{A3<>""}, \underline{1}, \underline{B2+1})$$

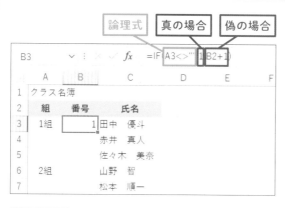

ポイント

論理式　　A列のセルに文字が入力されているか判定するため「A3<>""」(セルA3が空白ではない) を指定します。

真の場合　セルA3が空白ではない (つまり文字がある) 場合、1を表示するので「1」を指定します。

偽の場合　セルA3が空白のときは、1つ上の行の番号に1を足します。「B2+1」を指定します。

🔗 関連する関数

COLUMN　　　　　　　　　　P.228　　ROW　　　　　　　　　　P.228

活用編　第9章　表作成に役立つテクニック関数

● 関数式をコピーする

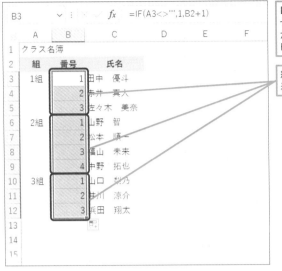

レッスン05を参考に、セルB3の式をセルB4からセルB12までコピーしておく

組ごとに1から連番を表示できた

🔅 使いこなしのヒント

A列に何か入力されていれば「1」を表示する

ここではIF関数を使い、A列に何か入力されていれば1を表示し、何も入力されていなければ上の行の番号に1を足します。このときのIF関数の条件は、「A3<>""」と

します。「<>」は「〜ではない」を表す演算子です。「A3<>""」は、「セルA3は空白("")ではない」つまり、「何か入力されている」という意味になります。

🔅 使いこなしのヒント

分類の文字がすべて入力されているときに連番を表示する

練習用ファイルでは、1組というグループを示す文字がセルA3のみに入力されています。グループを示す1組や2組という文字がすべて [組] 列に入力されている場合はどうでしょう。

この場合は、IF関数の条件に「組の文字が1つ上のセルと同じではない」という式を指定します。ここでは「A3<>A2」とします。これで、A列に入力された文字が1

つ上のセルと違うとき1を表示し、同じなら1が足されます。このように表の内容に合わせて関数式を作りましょう。

文字が変わったときに組ごとの連番を表示する（セルB3の式）

=IF(A3<>A2, 1, B2+1)

88 基準値単位に切り捨てるには

FLOOR.MATH

FLOOR.MATH関数は、数値を指定した単位で切り捨てます。商品を必要数に合わせて、ケース単位で注文するシーンを想定して考えてみましょう。

数学／三角　　　　　　　　　　対応バージョン 365 2021 2019 2016

基準値の倍数で数値を切り捨てる

フ ロ ア ・ マ ス
=FLOOR.MATH(数値, 基準値, モード)

FLOOR.MATH関数は、引数［数値］に最も近い［基準値］の倍数を求めます。例えば、数値「80」を基準値「30」で計算した場合、基準値「30」の倍数で、数値「80」を超えない「60」が結果として表示されます。

使用例では、A4クリアファイルを80個用意するには、1ケース30個の場合、何ケース必要かを計算します。

引数

数値　切り捨ての対象にする数値を指定します。

基準値　倍数の基準になる値を指定します。

モード　負の数値を切り捨てる方向を「0」、または負の数値で指定します。数値「-6.5」を基準値「1」で切り捨てるとき、モードによって以下の結果になります。

数値	基準値	モード	結果
-6.5	1	0（省略可）	-7
-6.5	1	-1	-6

🔗 **関連する関数**

ROUND	P.90	ROUNDUP	P.91
ROUNDDOWN	P.91		

練習用ファイル ▶ L088_FLOOR.MATH.xlsx

使用例 ケース単位で余りが出ない注文数を求める　　セルD3の式

=FLOOR.MATH(B3, C3)

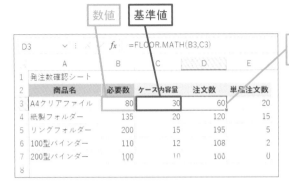

数値　基準値

基準値単位で数値を
切り捨てて表示できる

	A	B	C	D	E
1	発注数確認シート				
2	商品名	必要数	ケース内容量	注文数	単品注文数
3	A4クリアファイル	80	30	60	20
4	紙製フォルダー	135	20	120	15
5	リングフォルダー	200	15	195	5
6	100型バインダー	110	12	108	2
7	200型バインダー	100	10	100	0
8					

ポイント

数値　「必要数」の値のセルB3を指定します。

基準値　「ケース内容量」の値のセルC3を指定します。

モード　負の値が入力されることはないので省略します。

使いこなしのヒント

必要数に足りない商品数を求めるには

FLOOR.MATH関数の結果は「必要数」を超えないよう切り捨てるので、このままでは「必要数」に足りない商品が発生してしまいます。ここでは、「必要数-注文数」の計算で不足分（単品注文数）を求めています。

使いこなしのヒント

基準値の倍数で数値を切り上げる

基準値単位に切り上げる場合は、CEILING.MATH関数を使います。引数[基準値]の倍数を求める点ではFLOOR.MATH関数と同じですが、結果は、[数値]より大きい値に切り上げます。

基準値の倍数で数値を切り上げる
シーリング・マス
=CEILING.MATH
(数値, 基準値, モード)

できる　233

レッスン

89 複数の数値の積を求めるには

PRODUCT

複数の数値を掛け合わせる場合、PRODUCT関数が利用できます。計算対象の複数の数値はセル範囲で指定できるので、掛け算の式を作るより簡単に入力できます。

数学／三角 対応バージョン 365 2021 2019 2016

積を求める

プロダクト
=PRODUCT(数値1,数値2,…,数値255)

PRODUCT関数は、引数に指定した数値を掛け合わせて積を求めます。SUM関数が指定した数値を足して和を求めるのと同じです。ここでは、利益を求めるために、商品の金額、利益率、仕入数を掛けた積を求めます。

引数

数値　積を求めたい複数の数値、またはセル範囲を指定します。

使いこなしのヒント

積と和を同時に求めるには

PRODUCT関数で求めたそれぞれの行の「利益」を合計する場合、SUM関数で合計することもできますが、PRODUCT関数とSUM関数を1つの関数（SUMPRODUCT関数）で済ませることもできます。SUMPRODUCT関数については、レッスン90で解説します。

関連する関数

IF	P.94	SUMPRODUCT	P.236
SUM	P.74		

練習用ファイル ▶ L089_PRODUCT.xlsx

使用例 **複数の数値の積を求める**　　セルE3の式

=PRODUCT(B3:D3)

数値　　　　　　　　　　複数の数値の積が求められる

E3		f_x	=PRODUCT(B3:D3)	
	A	B	C	D	E
1	仕入予定管理				
2	品名	金額	利益率	仕入数	利益
3	商品A	1,000	20%	10	2,000
4	商品B	2,000	10%	10	
5	商品C	1,000	15%	10	
0	商品D	3,000	20%	20	
7	商品E	1,500	10%	30	
8					

ポイント

数値　　積を求めたい複数の数値のセルB3 ～ D3を指定します。

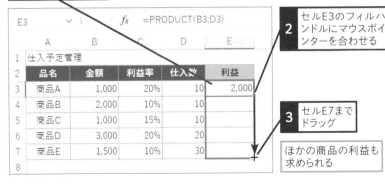

1 セルE3をクリック

E3		f_x	=PRODUCT(B3:D3)	
	A	B	C	D	E
1	仕入予定管理				
2	品名	金額	利益率	仕入数	利益
3	商品A	1,000	20%	10	2,000
4	商品B	2,000	10%	10	
5	商品C	1,000	15%	10	
6	商品D	3,000	20%	20	
7	商品E	1,500	10%	30	
8					

2 セルE3のフィルハンドルにマウスポインターを合わせる

3 セルE7までドラッグ

ほかの商品の利益も求められる

90 複数の数値の積の合計を求めるには

SUMPRODUCT

SUMPRODUCT関数は、複数の積（掛け算）を計算し、それらの合計を求めます。複数行の単価×数量を計算し、それらの合計を求める場合、SUMPRODUCT関数1つで求めることができます。

数学／三角　　　　　　　　　　　対応バージョン 365 2021 2019 2016

配列要素の積の和を求める

サ　ム　プ　ロ　ダ　ク　ト
=**SUMPRODUCT**(配列1, 配列2, …, 配列255)

SUMPRODUCT関数は、複数の配列（セル範囲）の同じ位置のセル同士を掛け、その結果を合計します。以下の例を見てください。1〜4が入力された配列1と10〜40が入力された配列2があるとします。配列1と配列2を掛けて合計を求めるとき、「1×10」や「2×20」などの数式を用意してSUM関数で合計してもいいのですが、SUMPRODUCT関数を使えば一度に「300」という積の和を求められます。

引数

配列1〜255　同じ大きさの配列（セル範囲）を指定します。

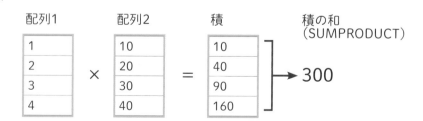

配列1		配列2		積		積の和 (SUMPRODUCT)
1		10		10		
2	×	20	=	40		→ 300
3		30		90		
4		40		160		

🔗 **関連する関数**

SUM　　　　　　　　　　　　　　P.74　　PRODUCT　　　　　　　　　P.234

活用編　第9章　表作成に役立つテクニック関数

使用例　**複数の数値の積の合計を求める**　　　セルD12の式

=**SUMPRODUCT(**C3:C10, D3:D10**)**

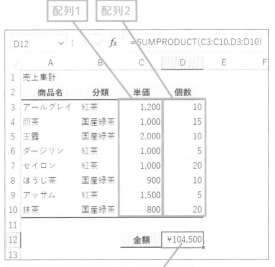

配列1　配列2

単価と個数から売上の金額を求められる

使いこなしのヒント

**配列同士は同じ大きさ
の必要がある**

引数に指定する複数
の配列は、同じ大き
さである必要がありま
す。ここでは、「単価」
と「個数」のセル範囲
は同じ行数でなくては
なりません。大きさが
異なる場合、引数が間
違っていることを示す
「#VALUE」エラーが
表示されます。

ポイント

配列1　積を求めたい「単価」のセルC3～C10を指定します。

配列2　積を求めたい「個数」のセルD3～D10を指定します。

使いこなしのヒント

SUM関数で積の和を求められる

SUMPRODUCT関数の特徴は、配列×配
列の計算ができることですが、配列の計
算は、スピル機能で可能です。スピル機
能が利用できるExcel 2021、Microsoft
365では、SUM関数の引数に直接、配列
×配列を指定して求めることができます。

SUM関数で積の和を求める
（セルD12の式）

=**SUM(**C3:C10*D3:D10**)**
　　サム

91 ランダムな値を発生させるには

RAND、RANDBETWEEN

RAND関数、RANDBETWEEN関数は、ランダムな数値を表示します。実験に必要なテストデータにするなど、いろいろな用途に利用できます。

数学／三角　　　　　　　　対応バージョン 365 2021 2019 2016

0以上1未満の小数の乱数を発生させる

ランダム
=RAND()

RAND関数は、0以上1未満のランダムな数値（乱数）を表示します。セルに文字や数式を入力したり、いろいろな機能を利用したりすると、ワークシートは自動的に再計算されますが、そのたびに新しい乱数が発生します。

引数

RAND関数には引数がありません。しかし、「()」の省略はできません。

数学／三角　　　　　　　　対応バージョン 365 2021 2019 2016

指定した範囲内の整数の乱数を発生させる

ランダムビトウィーン
=RANDBETWEEN(最小値, 最大値)

RANDBETWEEN関数は、引数［最小値］と引数［最大値］の範囲内にあるランダムな数値を表示します。RAND関数と同様に、ワークシートが再計算されるたびに、新しい乱数が発生します。

引数

最小値　　乱数として発生させる最小値を整数で指定します。

最大値　　乱数として発生させる最大値を整数で指定します。

練習用ファイル ▸ L091_RAND.xlsx

使用例 0以上1未満の乱数を発生させる   セルB3の式

=RAND()

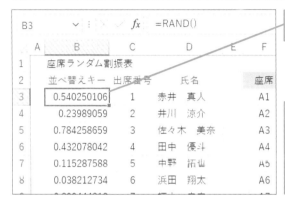

0以上1未満のランダムな小数が表示される

	A	B	C	D	E	F
1		座席ランダム割振表				
2		並べ替えキー	出席番号	氏名		座席
3		0.540250106	1	赤井　真人		A1
4		0.23989059	2	井川　涼介		A2
5		0.784258659	3	佐々木　美奈		A3
6		0.432078042	4	田中　優斗		A4
7		0.115287588	5	中野　拓也		A5
8		0.038212734	6	浜田　翔太		A6

割振表のセルB2～D12を選択して、[ホーム] タブの [並べ替えとフィルター] をクリックし、[昇順] や [降順] を実行するとランダムに並べ替えられる

💡 使いこなしのヒント

1つのデータをランダムに選ぶには

10人の中から1人をランダムに選ぶというようなとき、10人すべてにランダムな数値を割り当て、その中の最大値を選ぶ方法があります。以下の例では、VLOOKUP関数（レッスン21）により、乱数の最大値の「氏名」を取り出して表示しています。

10人中1人をランダムに選ぶ
=VLOOKUP(MAX(B3:B12), B3:D12, 3, FALSE)

💡 使いこなしのヒント

範囲に一度に式を入力するには

特定のセル範囲にランダムなテストデータを入力したいといったときには、手間をかけずに1度の操作で関数を入力しましょう。最初に関数を入力するセル範囲を選択します。その状態で式を入力したら、最後にCtrlキーを押しながらEnterキーを押します。

0から9の間のランダムな整数を表示する（セルC3の式）
=RANDBETWEEN(0, 9)

92 条件付き書式で平均値以上に色を付ける

AVERAGE

「条件付き書式」の条件には直接関数式を指定することができます。ここでは、平均値以上に色を付けるため、平均を求めるAVERAGE関数を条件に指定します。

平均点以上のセルを強調表示する

Before

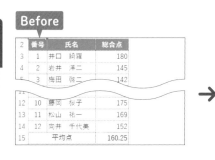

After

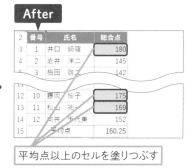

平均点以上のセルを塗りつぶす

🔆 使いこなしのヒント

条件付き書式の塗りつぶしの色を設定する

条件付き書式の条件を設定する［新しい書式ルール］ダイアログボックスの［書式］をクリックすると、［書式設定］ダイアログボックスが表示されます。セルの背景の色は［塗りつぶし］タブを表示して色を選びます。なお、［書式設定］タブ、［フォント］タブ、［罫線］タブの設定も同時に可能です。

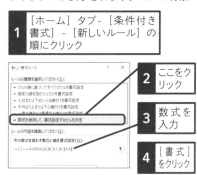

1 ［ホーム］タブ-［条件付き書式］-［新しいルール］の順にクリック

2 ここをクリック

3 数式を入力

4 ［書式］をクリック

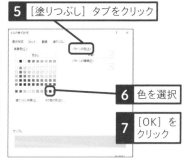

5 ［塗りつぶし］タブをクリック

6 色を選択

7 ［OK］をクリック

使用例 **平均点以上に色を付ける**

=C3>=AVERAGE($C$3:$C$14)

	A	B	C	D	E	F	G
	C3	⌄ :	f_x 180				
1	試験成績						
2	番号	氏名	総合点				
3	1	井口 綺羅	180				
4	2	岩井 洋二	145				
5	3	梅田 啓二	142				
6	4	大竹 崇	130				
7	5	奥山 良美	160				
8	6	川田 英明	180				
9	7	久保田 修憧	160				
10	8	滝沢 隆則	190				
11	9	西岡 芽衣	150				
12	10	藤岡 桜子	175				
13	11	松山 祐一	169				
14	12	向井 千代美	152				
15		平均点	160.25				

1 セルC3 ～ C14を
ドラッグして選択

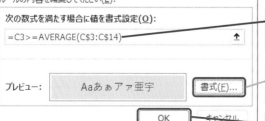

新しい書式ルール ? ×

ルールの種類を選択してください(S):

► セルの値に基づいてすべてのセルを書式設定
► 指定の値を含むセルだけを書式設定
► 上位または下位に入る値だけを書式設定
► 平均より上または下の値だけを書式設定
► 一意の値または重複する値だけを書式設定
► 数式を使用して、書式設定するセルを決定

ルールの内容を編集してください(E):

次の数式を満たす場合に値を書式設定(O):

=C3>=AVERAGE(C$3:C$14)　　　　　　　⬆

プレビュー: 　　Aaあぁアァ亜宇　　 書式(F)...

OK　　　キャンセル

2 [ホーム] タブ-[条
件付き書式] - [新
しいルール] の順
にクリック

3 ここをクリック

4 ここに「=C3>=AV
ERAGE($C$3:$
C$14)」と入力

前ページのヒントを参
考に塗りつぶし色を設
定しておく

5 [OK] をクリック

93 条件付き書式で土日の文字に色を付ける

OR

「条件付き書式」の条件に複数の条件を指定する場合は、AND関数、OR関数が利用できます。ここでは、曜日が「土」、または「日」に色を付けるので、OR関数で条件を指定します。

土日の文字のみ色を変更する

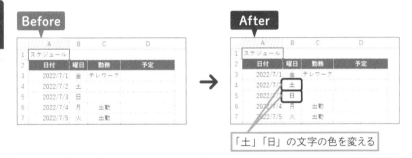

Before

After

→

「土」「日」の文字の色を変える

🔆 使いこなしのヒント

条件付き書式の文字の色を設定する

[新しい書式ルール] ダイアログボックスでは、セルの書式を細かく指定することができます。文字の色を変更する場合は、[書式] をクリックし、[セルの書式設定] ダイアログ

ダイアログボックスを表示して、[フォント] タブの [色] を設定します。下の例では、文字の色に加えて [太字] も設定しています。

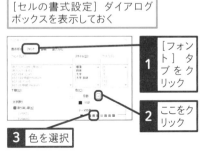

240ページのヒントを参考に、[セルの書式設定] ダイアログボックスを表示しておく

1 [フォント] タブをクリック

2 ここをクリック

3 色を選択

4 [太字] をクリック

5 [OK] をクリック

使用例 **曜日が土、日のいずれかを判定する条件**

$$=OR(B3="土", B3="日")$$

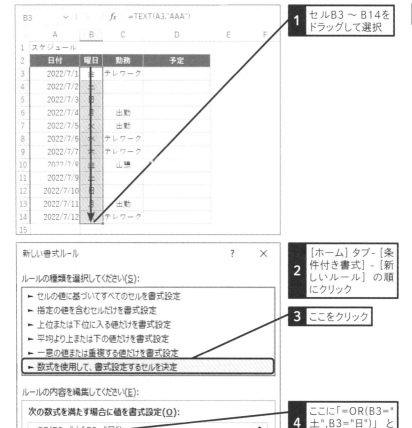

| | | | | 1 | セルB3 ～ B14を
ドラッグして選択 |

B3 ∨ : × ✓ fx =TEXT(A3,"AAA")

	A	B	C	D	E	F
1	スケジュール					
2	日付	曜日	勤務	予定		
3	2022/7/1	土	テレワーク			
4	2022/7/2	土				
5	2022/7/3	日				
6	2022/7/4	月	出勤			
7	2022/7/5	火	出勤			
8	2022/7/6	水	テレワーク			
9	2022/7/7	木	テレワーク			
10	2022/7/8	金	出張			
11	2022/7/9	土				
12	2022/7/10	日				
13	2022/7/11	月	出勤			
14	2022/7/12	火	テレワーク			
15						

新しい書式ルール ? ×

2 [ホーム] タブ - [条件付き書式] - [新しいルール] の順にクリック

ルールの種類を選択してください(S):

► セルの値に基づいてすべてのセルを書式設定
► 指定の値を含むセルだけを書式設定
► 上位または下位に入る値だけを書式設定
► 平均より上または下の値だけを書式設定
► 一意の値または重複する値だけを書式設定
► 数式を使用して、書式設定するセルを決定

3 ここをクリック

ルールの内容を編集してください(E):

次の数式を満たす場合に値を書式設定(O):

=OR(B3="土",B3="日") ↑

4 ここに「=OR(B3="土",B3="日")」と入力

プレビュー: Aaあぁアァ亜字 書式(F)...

240ページのヒントを参考に文字の書式を設定しておく

OK キャンセル

5 [OK] をクリック

94 条件付き書式で土日の行に色を付ける

WEEKDAY

「条件付き書式」は、設定範囲や条件により異なる結果になります。ここでは、土日の行全体に色が付くよう設定します。条件に合うデータを含む行全体の書式が変わるのがポイントです。

土日の行全体を塗りつぶす

Before → After

「土」「日」が入力されている行を塗りつぶす

使いこなしのヒント

土日に異なる色を設定するには

土曜日の行を水色、日曜日の行を赤色のように色を変える場合は、それぞれ別々の条件付き書式を設定します（表参照）。条件付き書式を設定するのは、どちらも

セルA3 〜 D15です。

土曜の行に水色、日曜の行に赤色の2つの条件付き書式を設定した

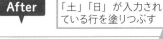

	条件式	書式
1つ目の条件付き書式の条件	=WEEKDAY($A3,2)=6 （WEEKDAY関数の結果が6 ←土曜） または、=$B3="土"	塗りつぶしの色 水色
2つ目の条件付き書式の条件	=WEEKDAY($A3,2)=7 （WEEKDAY関数の結果が7 ←日曜） または、=$B3="日"	塗りつぶしの色 赤色

活用編 第9章 表作成に役立つテクニック関数

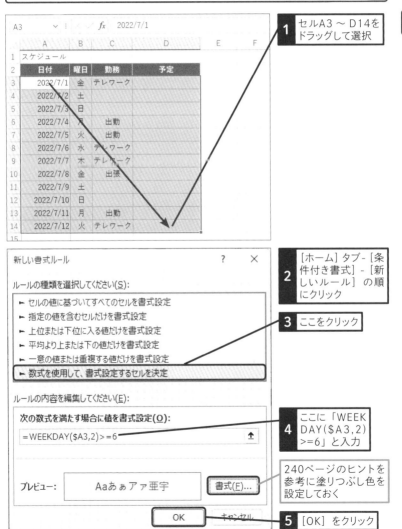

使用例 日付から曜日が土日かどうかを判定する条件

=WEEKDAY($A3, 2)>=6

	A	B	C	D	E	F
A3			f_x	2022/7/1		
1	スケジュール					
2	日付	曜日	勤務	予定		
3	2022/7/1	金	テレワーク			
4	2022/7/2	土				
5	2022/7/3	日				
6	2022/7/4	月	出勤			
7	2022/7/5	火	出勤			
8	2022/7/6	水	テレワーク			
9	2022/7/7	木	テレワーク			
10	2022/7/8	金	出張			
11	2022/7/9	土				
12	2022/7/10	日				
13	2022/7/11	月	出勤			
14	2022/7/12	火	テレワーク			
15						

1 セルA3 ～ D14を
ドラッグして選択

94

WEEKDAY

新しい書式ルール   ?   ×

ルールの種類を選択してください(S):

► セルの値に基づいてすべてのセルを書式設定
► 指定の値を含むセルだけを書式設定
► 上位または下位に入る値だけを書式設定
► 平均より上または下の値だけを書式設定
► 一意の値または重複する値だけを書式設定
► 数式を使用して、書式設定するセルを決定

ルールの内容を編集してください(E):

次の数式を満たす場合に値を書式設定(O):

=WEEKDAY($A3,2)>=6   ⬆

プレビュー: Aaあぁアァ亜宇   書式(F)...

OK   キャンセル

2 [ホーム] タブ - [条
件付き書式] - [新
しいルール] の順
にクリック

3 ここをクリック

4 ここに「WEEK
DAY($A3,2)
>=6」と入力

240ページのヒントを
参考に塗りつぶし色を
設定しておく

5 [OK] をクリック

95 条件付き書式で必須入力箇所に色を付ける

ISBLANK

入力箇所が決まっている書類などは、条件付き書式で入力箇所に色が付くようにしておくと便利です。セルが空白かどうかをISBLANK関数で判定し、空白のときだけ色を付けます。

空白のセルのみ塗りつぶす

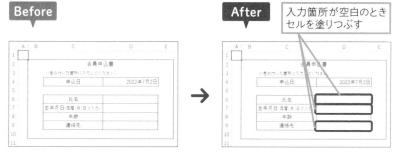

Before → **After** 入力箇所が空白のときセルを塗りつぶす

情報

対応バージョン 365 2021 2019 2016

セルが空白かどうかを調べる

イズ ブランク
=ISBLANK(テストの対象)

ISBLANK関数は、引数[テストの対象]に指定したセルが空白かどうかを調べます。結果は、空白のときには「TRUE」、空白でないときには「FALSE」になります。

引数

| テストの対象 | 空白かどうかを調べるセルを指定します。

活用編 第9章 表作成に役立つテクニック関数

練習用ファイル ▶ L095_ISBLANK.xlsx

使用例 セルが空白かどうかを判定する条件

=ISBLANK(D6)

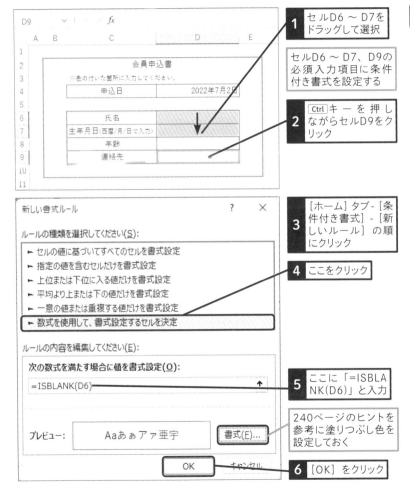

1 セルD6 ～ D7を ドラッグして選択

セルD6 ～ D7、D9の 必須入力項目に条件 付き書式を設定する

2 Ctrl キー を 押し ながらセルD9をク リック

3 [ホーム] タブ - [条 件付き書式] - [新 しいルール] の順 にクリック

4 ここをクリック

5 ここに「=ISBLA NK(D6)」と入力

240ページのヒントを 参考に塗りつぶし色を 設定しておく

6 [OK] をクリック

新しい書式ルール

ルールの種類を選択してください(S):

► セルの値に基づいてすべてのセルを書式設定
► 指定の値を含むセルだけを書式設定
► 上位または下位に入る値だけを書式設定
► 平均より上または下の値だけを書式設定
► 一意の値または重複する値だけを書式設定
► 数式を使用して、書式設定するセルを決定

ルールの内容を編集してください(E):

次の数式を満たす場合に値を書式設定(O):

=ISBLANK(D6)

プレビュー: Aaあぁアァ亜宇 書式(F)...

OK キャンセル

会員申込書
※色の付いた箇所に入力してください。
申込日 2022年7月2日

氏名	
生年月日(西暦/月/日で入力)	
年齢	
連絡先	

条件付き書式で分類に応じて罫線を引くには

NOT、ISBLANK

表の罫線が何らかのルールにより表示されているときには、条件付き書式が利用できます。ここでは、表の「分類」が変わるところに罫線を表示します。

自動的に罫線を引く

Before

→

After

[分類] 列が空白でない場合にだけ上側に罫線を引く

💡 使いこなしのヒント

条件付き書式の罫線の書式を設定する

条件付き書式は、セルに対する罫線の設定もできます。条件に合うときだけ罫線が表示されます。この場合、セルのどこに罫線を表示するかを設定します。ここ

では、A列のセルが空白でない（文字が入力されている）とき、セルの上側に線を表示する設定にします。

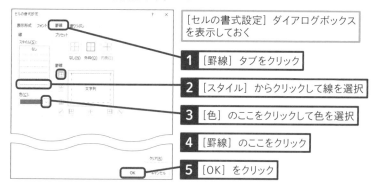

[セルの書式設定] ダイアログボックスを表示しておく

1 [罫線] タブをクリック

2 [スタイル] からクリックして線を選択

3 [色] のここをクリックして色を選択

4 [罫線] のここをクリック

5 [OK] をクリック

活用編 第9章 表作成に役立つテクニック関数

練習用ファイル ▶ L096_NOT、ISBLANK.xlsx

使用例 **セルが空白ではないことを判定する条件** セルF3の式

=**NOT(**ISBLANK($A3)**)**

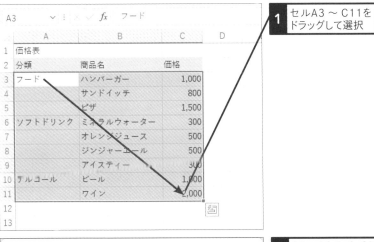

1 セルA3〜C11をドラッグして選択

2 [ホーム] タブ - [条件付き書式] - [新しいルール] の順にクリック

3 ここをクリック

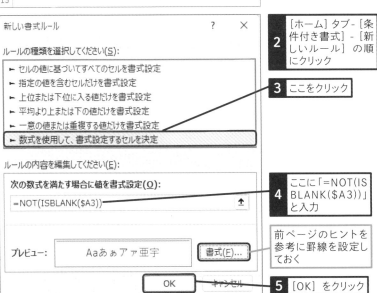

4 ここに「=NOT(ISBLANK($A3))」と入力

前ページのヒントを参考に罫線を設定しておく

5 [OK] をクリック

スキルアップ

掛け算とPRODUCT関数の違い

PRODUCT関数は、複数の数値を掛け合わせます。数値を「*」でつないで掛け算を行うのと同じですが、空白や文字が含まれている場合は、異なる結果になります。PRODUCT関数は、空白セルや文字列、論理値を無視します。掛け算では、空白セルは「0」として計算し、文字列はエラーになります。論理値はTRUEを1、FALSEを0として計算します。このような違いがあることを認識しておきましょう。

下の例は「金額」「利益率」「仕入数」をPRODUCT関数と掛け算の式で計算した結果です。「利益率」を空白にすると、PRODUCT関数は空白を無視するので、結果的に「100%」として計算したのと同じになります。掛け算の場合、空白は「0」として計算するので、計算結果は「0」になります。

> PRODUCT関数では、空白を無視する。
> 利益率を空白にした場合、100%で掛け算
> したことになる

	A	B	C	D	E
1	仕入予定管理				
2	品名	金額	利益率	仕入数	利益
3	商品A	1,000		10	10,000
4	商品B	2,000	10%	10	2,000
5					
6	品名	金額	利益率	仕入数	利益
7	商品A	1,000		10	0
8	商品B	2,000	10%	10	2,000
9					

> 「=B7*C7*D7」では、空白は「0」と
> みなされるので結果は「0」になる

索引

索引

できるサポートのご案内

無料サービス！

本書の記載内容について、無料で質問を受け付けております。受付方法は、電話、FAX、ホームページ、封書の4つです。なお、A.～D.はサポートの範囲外となります。あらかじめご了承ください。

受付時に確認させていただく内容

① **書籍名・ページ**
　『できるポケットExcel関数
　基本＆活用マスターブック
　Office 2021/2019/2016&Microsoft 365対応』

② **書籍サポート番号→501536**
　※本書の裏表紙（カバー）に記載されています。

③ **お客さまのお名前**

④ **お客さまの電話番号**

⑤ **質問内容**

⑥ **ご利用のパソコンメーカー、
　機種名、使用OS**

⑦ **ご住所**

⑧ **FAX番号**

⑨ **メールアドレス**

サポート範囲外のケース

A. 書籍の内容以外のご質問（書籍に記載されていない手順や操作については回答できない場合があります）

B. 対象外書籍のご質問（裏表紙に書籍サポート番号がないできるシリーズ書籍は、サポートの範囲外です）

C. ハードウェアやソフトウェアの不具合に関するご質問（お客さまがお使いのパソコンやソフトウェア自体の不具合に関しては、適切な回答ができない場合があります）

D. インターネットやメール接続に関するご質問（パソコンをインターネットに接続するための機器設定やメールの設定に関しては、ご利用のプロバイダーや接続事業者にお問い合わせください）

問い合わせ方法

電話 （受付時間：月曜日～金曜日 午前10時～午後6時まで ※土日祝休み）

0570-000-078

電話では、上記①～⑤の情報をお伺いします。なお、通話料はお客さま負担となります。対応品質向上のため、通話を録音させていただくことをご承ください。一部の携帯電話やIP電話からはご利用いただけません。

FAX （受付時間：24時間）

0570-000-079

A4サイズの用紙に上記①～⑧までの情報を記入して送信してください。質問の内容によっては、折り返しオペレーターからご連絡をする場合もあります。

インターネットサポート（受付時間：24時間）

https://book.impress.co.jp/support/dekiru/

上記のURLにアクセスし、専用のフォームに質問事項をご記入ください。

封書

〒101-0051
**東京都千代田区神田神保町一丁目105番地
　株式会社インプレス
　できるサポート質問受付係**

封書の場合、上記①～⑦までの情報を記載してください。なお、封書の場合は郵便事情により、回答に数日かかる場合もあります。

■著者

尾崎裕子（おざき ゆうこ）

プログラマーの経験を経て、コンピューター関連のインストラクターとなる。企業における
コンピューター研修指導、資格取得指導、汎用システムのマニュアル作成などにも携わる。
現在はコンピューター関連の雑誌や書籍の執筆を中心に活動中。主な著書に『テキパキこな
す！ ゼッタイ作業効率が上がる　エクセルの時短テク121』『できるイラストで学ぶ入社1
年目からのExcel関数』（インプレス）などがある。

STAFF

シリーズロゴデザイン	山岡デザイン事務所 <yamaoka@mail.yama.co.jp>
カバー・本文デザイン	伊藤忠インタラクティブ株式会社
カバーイラスト	こつじゆい
本文イメージイラスト	ケン・サイトー
本文イラスト	松原ふみこ・福地祐子
DTP 制作	町田有美・田中麻衣子
編集制作	トップスタジオ
編集協力	小野孝行・荻上　徹
デザイン制作室	今津幸弘 <imazu@impress.co.jp>
	鈴木　薫 <suzu-kao@impress.co.jp>
制作担当デスク	柏倉真理子 <kasiwa-m@impress.co.jp>
編集	松本花穂 <matsumot@impress.co.jp>
編集長	藤原泰之 <fujiwara@impress.co.jp>

本書のご感想をぜひお寄せください

https://book.impress.co.jp/books/1122101081

読者登録サービス CLUB impress

アンケート回答者の中から、抽選で図書カード（1,000円分）
などを毎月プレゼント。
当選者の発表は賞品の発送をもって代えさせていただきます。
※プレゼントの賞品は変更になる場合があります。

■商品に関する問い合わせ先

このたびは弊社商品をご購入いただきありがとうございます。本書の内容などに関するお問い
合わせは、下記のURLまたは二次元バーコードにある問い合わせフォームからお送りください。

https://book.impress.co.jp/info/

上記フォームがご利用いただけない場合のメールでの問い合わせ先
info@impress.co.jp

※お問い合わせの際は、書名、ISBN、お名前、お電話番号、メールアドレス に加えて、「該当するペー
ジ」と「具体的なご質問内容」「お使いの動作環境」を必ずご明記ください。なお、本書の範囲を超え
るご質問にはお答えできないのでご了承ください。

●電話やFAXでのご質問は、254ページの「できるサポートのご案内」をご確認ください。また、封書での
お問い合わせは回答までに日数をいただく場合があります。あらかじめご了承ください。
●インプレスブックスの本書情報ページ　https://book.impress.co.jp/books/1122101081　では、本書の
サポート情報や正誤表・訂正情報などを提供しています。あわせてご確認ください。
●本書の奥付に記載されている初版発行日から3年が経過した場合、もしくは本書で紹介している製品や
サービスについて提供会社によるサポートが終了した場合はご質問にお答えできない場合があります。

■落丁・乱丁本などの問い合わせ先

FAX　03-6837-5023
service@impress.co.jp
※古書店で購入された商品はお取り替えできません。

できるポケット

エクセルかんすう　きほんアンドかつよう
Excel関数 基本 & 活用マスターブック
オフィス　　　　　　　　　　　　　　アンド　マイクロソフト　　　　たいおう
Office 2021/2019/2016 & Microsoft 365対応

2022年10月21日　初版発行
2024年2月21日　第1版第2刷発行

著　者　尾崎裕子&できるシリーズ編集部

発行人　小川 亨

編集人　高橋隆志

発行所　株式会社インプレス
　　　　〒101-0051　東京都千代田区神田神保町一丁目105番地
　　　　ホームページ　https://book.impress.co.jp/

本書は著作権法上の保護を受けています。
本書の一部あるいは全部について（ソフトウェア及びプログラムを含む）、
株式会社インプレスから文書による許諾を得ずに、
いかなる方法においても無断で複写、複製することは禁じられています。

Copyright © 2022 Yuko Ozaki and Impress Corporation. All rights reserved.

印刷所　図書印刷株式会社
ISBN978-4-295-01536-9 C3055

Printed in Japan